孔子傳

鲍鹏山 著

中国青年出版社
China Youth Press

孔子传 kzz

中国孔子基金会 | 文库
China confucius Foundation

仲尼

你立于滔滔而过的河岸。世界和你一同黯然。远古的神灯被遗弃在最偏僻的角落。世纪大殿的檐下是黑暗和蛛网

你把自己变成蜡烛了。在黑暗的心脏,你微弱但顽强的光辉在四面的飙风中艰难地闪耀

我在几千年后的一个漆黑的夜里遥遥地望你。望你在滔滔的河岸闪亮如将要熄灭的一枚残烛。我看到你忧戚的心灵像一只蝙蝠在暗夜中悄悄地向我飞来,我悚然而惧

逝者无情。你曾感慨的那条小河或许早已流尽了它最后一滴水。但是,衰弱的老人啊,你的智慧和正义之灯依然不熄,在每一个世纪的窗口闪亮,清冷地照耀着一条旷古荒芜的路

你是永远不会抛弃我们独自乘桴而去的民族之父而我们呵!常常是背弃正道惑于迷乱的不肖子孙

——选自诗集《致命倾诉》

> 裏言魯大夫亂政者少
> 正卯與聞國政三月粥
> 羔豚弗餘賈男女行者
> 別於塗道不拾遺
> 聖輔秉鈞
> 皋夔比德
> 除暴遂良
> 陽噓陰吸
> 化行周道
> 仁及草萊
> 朞月而已
> 豈虛語哉

鲁定公九年,孔子五十一岁出仕。先中都宰,继而升小司空、大司寇,直至助理国相。在孔子执掌司法刑狱期间,鲁国原本混乱的市场秩序得到恢复,社会风气焕然一新。参见本书第162—186页。

图中所绘及文字所述"诛鲁大夫乱政者少正卯"事,已为学者证伪,应为战国末期法家为宣传自己的思想而杜撰的寓言。

鲁国的逐渐强大,引起齐国担忧。于是,齐国设计送来美女和良马,在城下连日歌舞,终使鲁定公"往观终日,怠于政事"。这对因"堕三都"失败已陷入政治困境的孔子,又是一个打击。参见本书第187—190页。

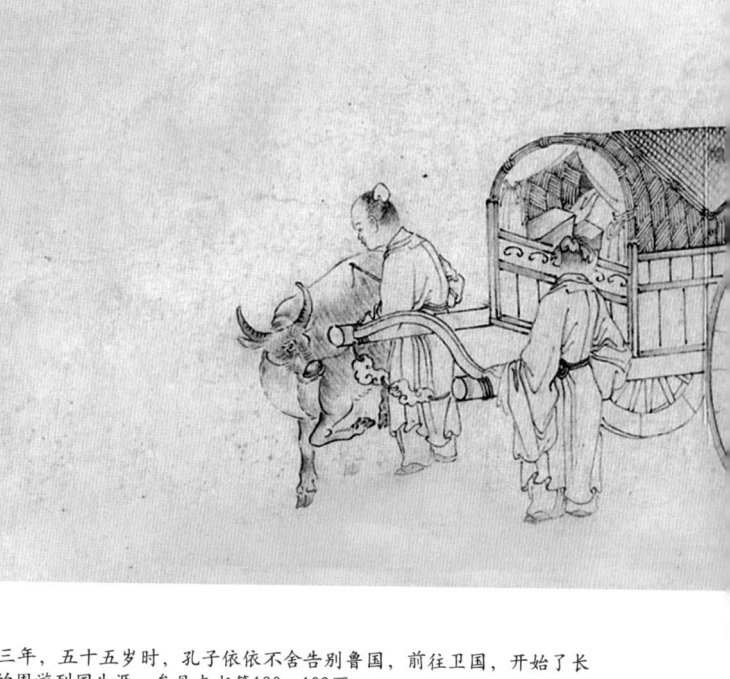

鲁定公十三年，五十五岁时，孔子依依不舍告别鲁国，前往卫国，开始了长达十四年的周游列国生涯。参见本书第190—192页。

齊人聞孔子爲政懼曰
魯伯我爲先併矣盡致
地焉黎鉏曰請先嘗沮
之沮之而不可則致地
庸遲乎於是選女子八
十人皆衣紋衣而舞馬
三十駟以遺魯君魯君
爲周道遊觀怠於政事
孔子遂行

望魯相聖
強齊畏威
用夷遏夏
女樂乃歸
邪遂正移
始難終保
逃矣聖踪
厄哉吾道

三年如陳時魯定公
在孔子遂行後
鴈仰觀之色不
嗟嗟衛靈
識見志溢
耳聆聖語
目覩蜚禽
歘弛於中
急刑於色
色斯舉矣
義不苟得

卫灵公问孔子征战之事，孔子不赞成诸侯之间的战争，推脱说没学过。道不同，不相为谋。第二天卫灵公与孔子见面，眼睛不看孔子，只望着天上飞过的大雁，这让孔子很难堪。参见本书第192—196页。

孔子返乎衛靈
公問兵陳孔子
曰軍旅之事未

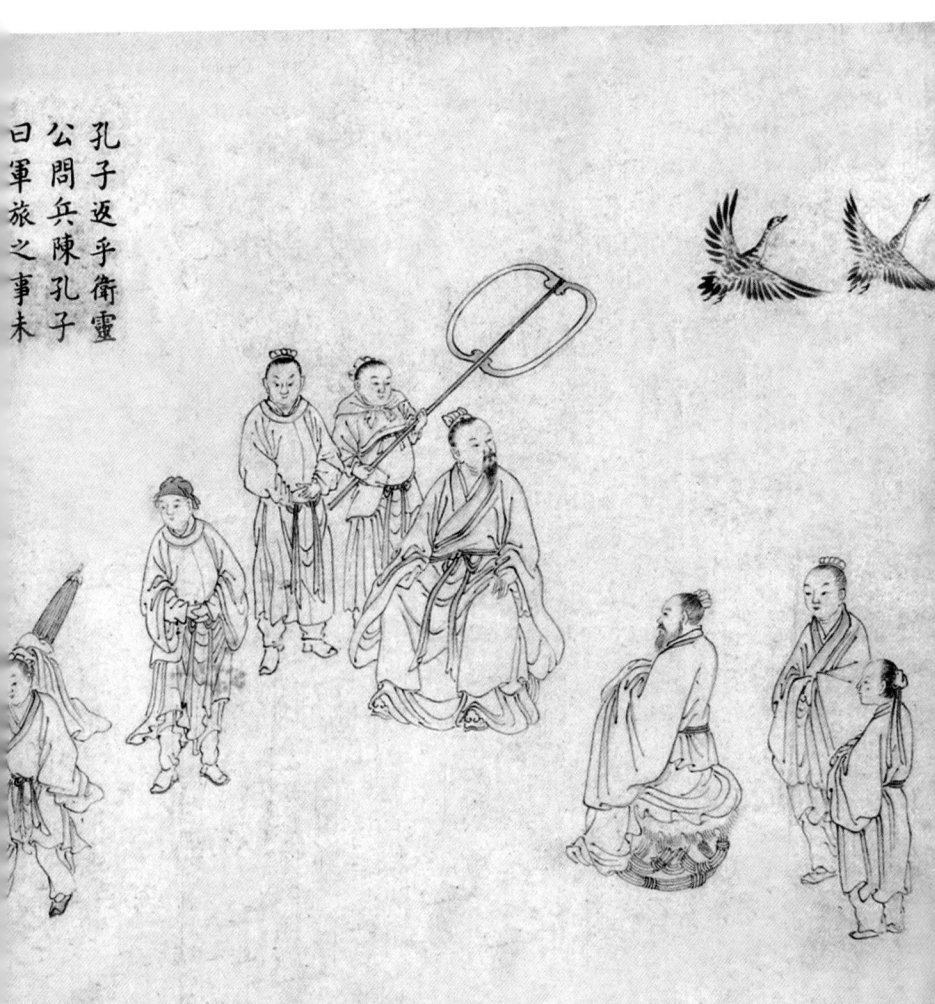

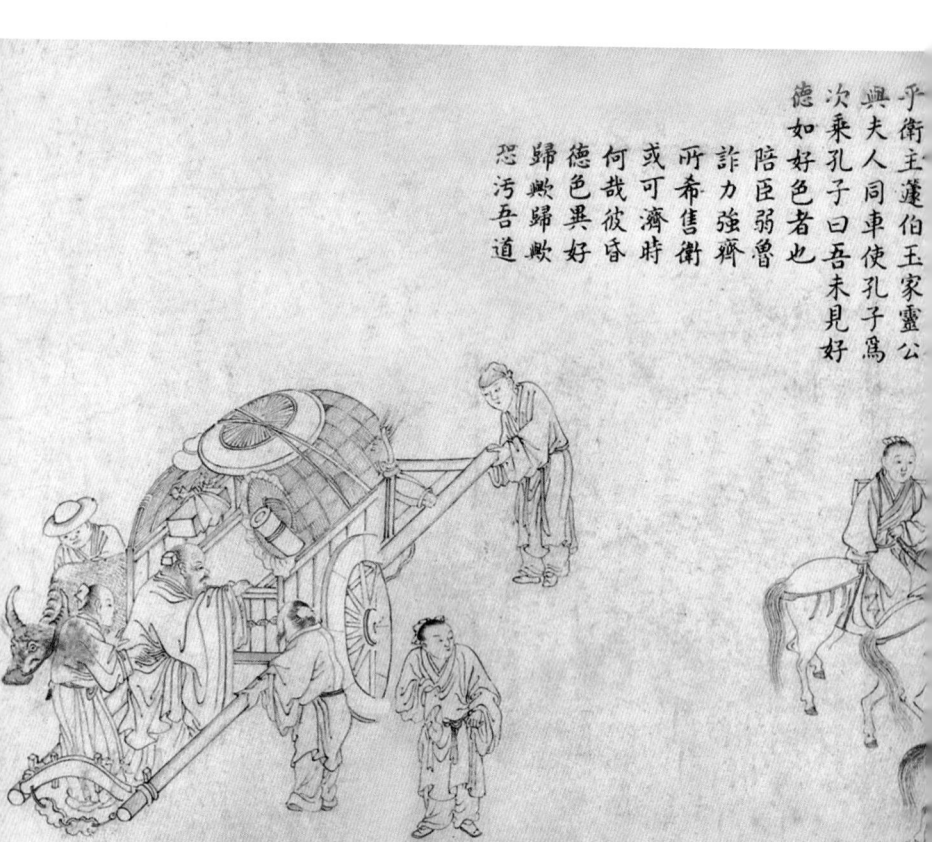

乎衛主蘧伯玉家靈公
與夫人同車使孔子爲
次乘孔子曰吾未見好
德如好色者也
　陪臣弱魯
　詐力強齊
　所希售衛
　或可濟時
　何哉彼昏
　德色異好
　歸歟歸歟
　恐污吾道

比卫灵公的脸色更让孔子难堪的，还有卫灵公夫人南子的美色。子见南子，子路不满；卫灵公和南子、宦官雍渠同乘一车，让孔子坐后一辆一同出行，孔子倍感羞耻："吾未见好德如好色者也。"参见本书第196—201页。

孔子去衛適曹是歲
魯定公卒孔子去曹
過宋與弟子習禮大
樹下宋司馬桓魋欲
殺孔子拔其樹孔子
曰可以去矣孔子曰
天生德於予桓魋其
如予何
接淅去齊
微服過宋
蓍彼泉狸
欺我麟鳳
暴不殞義
直能勝阿
天生聖德
魋如之何

鲁哀公三年，孔子六十岁。经过宋国时，孔子与弟子们在大树下演礼，杀气腾腾的司马桓魋突然带人来拔树，并扬言要杀孔子。孔子只得赶紧走避。参见本书第215—216页。

去郑国的路上，孔子和弟子们失散了，一个人失魂落魄地站在城门口。子贡等人也在四处寻找老师。有个郑国人说，那个站在城门口"累累若丧家之狗"的人就是你老师吧？孔子听别人说他像"丧家狗"，竟欣然受之："然哉！然哉！"参见本书第218—221页。

孔子去宋過鄭與弟子相失孔子獨立郭東門鄭人謂子貢曰東門有人其顙似堯其項似皋陶其肩似子產然自肩以下不及禹三寸纍纍若喪家之狗子貢以告孔子孔子欣然而笑曰形状

> 已矣已矣也其已而
> 已矣深則厲淺則揭
> 子曰果哉莫之難矣
> 狷歟聖心
> 轍環天下
> 莫行厥志
> 荷蕢何知
> 蠡測管窺
> 決去不返
> 聖豈難為

在卫国，孔子在屋里击磬。门外一个挑草筐的过路人，听出其中硜硜不平之音，批评孔子：为什么这么愤世嫉俗？为什么不与世浮沉呢？参见本书第195—196页、第215—218页。

孔子過蒲適衛與弟
子擊磬有荷蕢而過

潜藏不走
仕兮止兮
各於其時
沮兮溺兮
豈能知斯

有一次，孔子一行人迷路了，派子路去问正在水田里劳作的长沮、桀溺二人，却遭到讽刺和挖苦。一个说：孔丘怎么会不知道渡口在哪里呢！一个说：你还是别跟你老师了，跟我们这些避世之人种田吧！参见本书第208—214页。

明年孔子自陳遷於蔡如葉去葉反乎蔡長沮桀溺耦而耕孔子過之使子路問津焉曰滔滔者天下皆是也而誰以易之且而與其從避人之士也豈若從避世之士哉耰而不輟聖在濟人

孔子去魯適衛適陳過匡陽虎嘗暴於匡人擾孔子貌類陽虎匡人以為寧武臣孔子從此後得去虎暴於匡聖狀偶同彼方此逢仇我適此集首鳶異兕跡麟殊其昏匪伊惟聖斯厄

匡人误以为孔子是侵暴过匡地的阳虎，把他包围起来要杀他。在周游列国的十四年里，孔子遇到过多次危险。参见本书第215—216页。

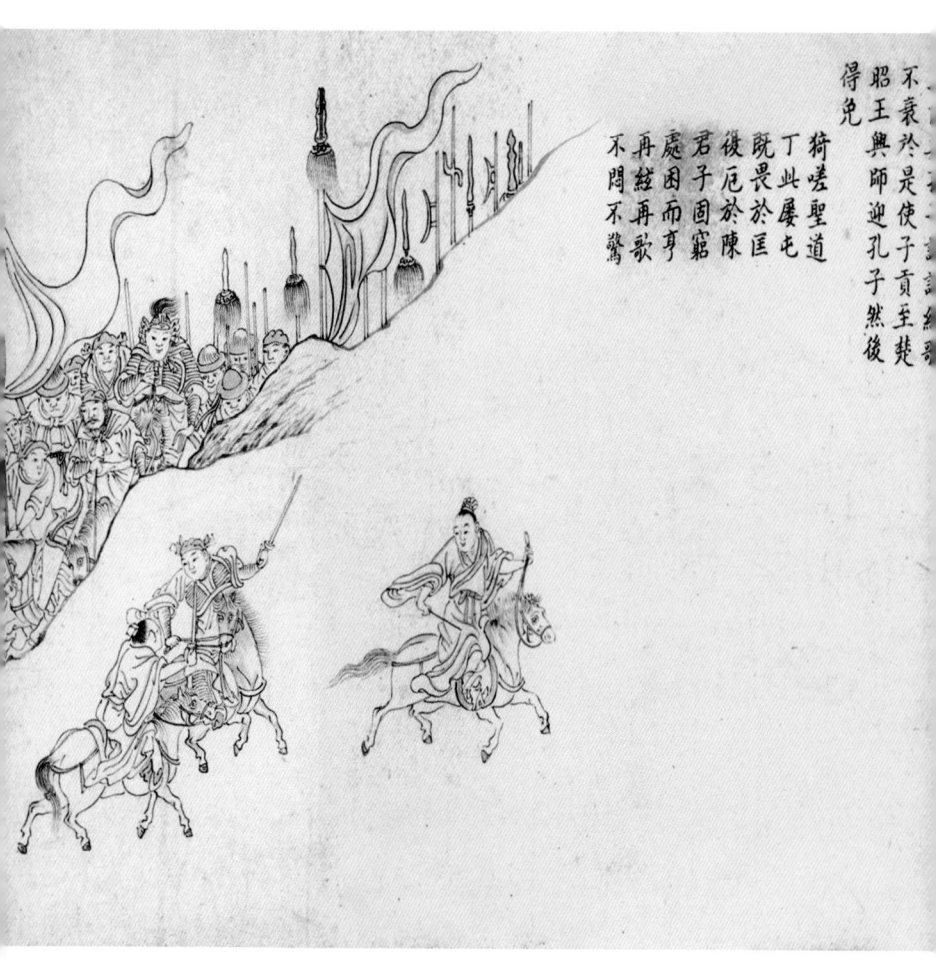

鲁哀公六年，六十三岁的孔子，遭遇平生最大的一次磨难。他们被围困在陈国、蔡国之间的荒野，绝粮多日，病饿交加。孤绝之境中，孔子与弟子们进行了一场"君子亦有穷乎"的讨论。参见本书第252—265页。

楚使人聘孔子孔子將
往陳蔡大夫謀曰孔子
用於楚則陳蔡危矣於

哀公十四年丁巳孔子
年六十八季康子使人
迎孔子孔子歸魯然魯
終不用孔子孔子亦不
求仕乃敘書傳禮記刪
詩正樂序易象象繫說
卦文言弟子蓋三千焉
身通六蓺者七十二人
轍環天下
道不可行
曰歸乎來
脩我典刑
三千從遊
七十高弟
刪述六經
垂憲萬世

鲁哀公十一年，得季康子召，孔子结束了十四年颠沛流离的生活，回到祖国。去国之时，他五十五岁；归国之日，他六十八岁，老妻已去世。回到鲁国的孔子，不再担任官职，但仍与闻政事。参见本书第292—299页。

孔子晚年,将全部精力投入教学和古代文化典籍的整理中。他一生培养的弟子达三千人,贤者七十二人(一说七十七人)。他自己,也在古稀之年达到人生修养的最高境界。参见本书第268—291页、第300—309页。

鲁哀公十四年，孔子七十一岁。鲁大夫西狩获麟，孔子为之流泪，他从这只受伤的象征圣君的麒麟身上，看见了国家和自己的命运。参见本书第316—319页。

十四年庚申魯西狩獲
麟孔子感焉作春秋按
孔叢子曰叔孫氏樵而
獲麟眾莫之識棄之五
父之衢冉有告曰麕身
而肉角豈天之妖乎夫
子往觀焉泣曰麟也麟
仁獸出而死吾道窮矣
王降而伯雅亡而風
麟出薨矣
吾道其窮
既歌以哀
後史以彰

鲁哀公十六年，七十三岁的孔子病倒。唯一的儿子已去世；最爱的弟子颜回、子路也死了。面对匆匆赶来的弟子子贡，孔子百感交集，讲述了自己的一个梦。七天后，孔子去世。参见本书第310—316页、第319—323页。

一六年壬戌四月已丑孔子病子貢請見孔
子方負杖逍遙於門而歌曰泰山其頹乎梁
木其壞乎哲人其萎乎後七日卒時孔子年
七十三

梁折山頹　哲人斯萎　聆子之歌
知道之衰　逍遙於門　奄忽而病
藏往知来　達生委命

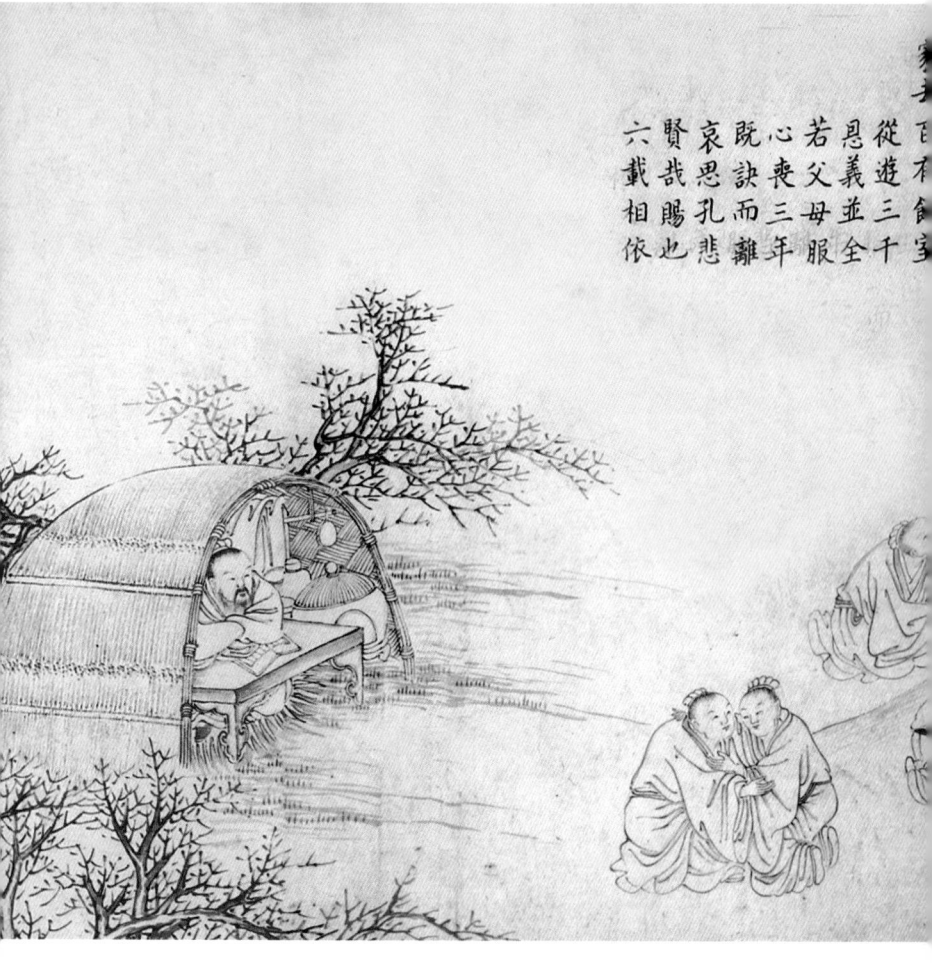

在子贡主持下，弟子们以父丧之礼安葬孔子，并守丧三年。三年期满，相向痛哭而别。子贡在墓前搭间草屋，独自守着老师又三年才离去。此后，孔子墓附近，渐渐形成一个村落，叫孔里。参见本书第323—326页。

孔子塋魯城北泗上
弟子皆服心喪三年
畢相訣而去各復盡
哀惟子貢廬於塚上

【明·正统九年】张楷手绘原本孔子圣迹图跋

信乎予窃家之趣逾溪者宋公司馬氏
所述宋宋公之暁蒼頡篆者也宋公
譔敍壁跂於睿諭出皆以家語諸書
所載紛繫爽經獨取如於曳記燮與
所載讖博爾閒顏貞解者若楚昭
王傳乃明孔子得往陳蔡大夫
營徒圍出孔子絶糧按是管陳蔡
臣服絰楚楚王來聘孔子乃陳蔡敢
圍出凢此出顯示龐不陳乃所疑出
特擯異切要出肯無取語孟所載夫
子覆慧与諸弟子問答出詮孚
丁知陸考證至于書於出閒覷孔許
如損蓋知孔子在陸國皆京書年尝
平雍陀國反魯及左魯郡歷歷隸出

《张楷孔子圣迹图》

《张楷孔子圣迹图》，系首次披露于世，亦首次由中国孔子基金会独家授权，做这本《孔子传》的插图页。

张楷（1395—1460），字式之，号介庵，浙江慈溪人。明代著名学者，官至都察院右佥都御史。善文章、工书法，《明史》有传。

《张楷孔子圣迹图》的珍贵在于：是目前发现的最早的圣迹图。经山东省文物鉴定委员会专家鉴定，乃明正统九年（1444年）张楷手绘原本。它比明代弘治十年（1497年）何珣据张楷本增补的三十八图《圣迹图》还早了五十三年。后者，史家郑振铎曾以为是张楷始本，曾视为最早的圣迹图。

圣迹图，即孔子生平故事连环画。源于汉魏和唐宋时期孔子画像，有木刻、石刻、彩绘、珂罗版等形式。

《张楷孔子圣迹图》，卷长2250厘米，宽35.5厘米。主要选取《史记·孔子世家》等文献中孔子事迹绘成。每事绘图，文字书于画内，并撰有赞诗。原图二十九幅，目前仅存二十事。绘制精细，线条流畅，形象传神。正统十年（1445年）由张楷同科进士邓棨长跋记其事。后经南京人杜大成鉴赏，明末归嘉兴人周廉甫所有。入清为云南谷西河所得，清末进士安徽人裴景福观后推崇倍加并题跋。后不知何时流落东瀛，终由有识之士购得，2012年回归孔子故里。

现择其精华展卷于前。

孔子激励代代人

(中国孔子基金会副理事长　王大千)

子曰：吾十有五而志于学，三十而立，四十而不惑，五十而知天命，六十而耳顺，七十而从心所欲不逾矩。

短短三十八个字，孔子如此叙述了自己的一生。

此可谓史上最短的一篇自传。后来几乎成了每一个中国人心向往之的完美人生。孔子所达到的人生高度、宽度和深度，两千五百多年来，不断被阐发；不断激励着每一代中国人，"高山仰止，景行行止，虽不能至，然心向往之"。

孔子做人很成功。孔子做事也很成功：他是一个好老师，好学者；他是一个满怀理想的政治家，更是一个功在千秋的思想家。

他也失败过。最失败的时候，他曾被人嘲讽为"累累若丧家之犬",而他欣然受之。但"知其不可而为之",正是孔子伟大的救世精神的最好表达。

看十五岁的孔子发奋"志于学",就像我们今天的追梦少年一样,意气风发,充满理想。虽然我们与孔子之间横亘着二千五百多年的巍巍岁月,却丝毫没有感到陌生和遥远。三岁丧父,单亲家庭的孔子,他的成长环境在今天看来也丝毫没有优越与优势,相反,"吾少也贱,故多能鄙事",生活的磨砺让他的成长之路充满了艰辛。

最终,孔子从一个贫贱少年,成长为一位"诲人不倦,学而不厌"的"至圣先师"——为天地立心,为生民立命,为往圣继绝学,为万世开太平:他和他的三千弟子,一群颠沛流离、安贫乐道的知识分子,在春秋的时空里,气宇轩昂地屹立于天地之间,守护着自己的激情与理想,创造和传承了一个民族的文化,生产和承担了一个民族的价值,写下"士不可以不弘毅,任重而道远"的使命与感叹。

是什么成就了孔子的人生?

是什么使一个人有了穿越时空的永恒价值?

孔子对于"人"——每一个"人"——有何意义?

读罢鲍鹏山先生这本《孔子传》之后,也许你会找到答案。

历史有着惊人的相似之处,今日的中国和世界,与孔子时代也有着类似的环境,都面临着社会和文化的巨大转型以及价值观的构建。认识孔子，理解孔子，读懂孔子，才能更好地理解我们这个时代。追寻传统与古圣先贤是为了更好地探索未来之路。

古老而年轻的孔子，一直在影响着我们的历史，一直用他自己的故事激励着一代又一代人。

子在川上曰：逝者如斯夫。亲爱的读者朋友，不论您是否读懂了孔子，站在历史长河岸边的这位慈祥老人，永远对我们满含期待，他一直温柔敦厚地微笑着注视着我们：

子曰：后生可畏，焉知来者之不如今也？

孔子相信，和谐世界美好的未来在于青年。

值得特别提到的是：这本《孔子传》将同时首次独家展示明·正统九年（1444年）张楷手绘原本《圣迹图》。这是目前中国发现的最早的孔子圣迹图，比原来人们认为的最早的明代弘治十年（1497年）何珣据张楷本增补的三十八图《圣迹图》还早了五十三年。可以说，它是中国、日本、韩国流传至今的圣迹图的母本。

这卷圣迹图于2011年从东瀛购回，在2012年山东第四届文化产业博览会上由山东美术出版社捐赠给孔子基金会，使之最终回归孔子故里，在此需要特别说明并致谢。

是为序。

2012年8月20日

目 录

仲尼（诗一首）
《张楷孔子圣迹图》
孔子激励代代人（序/王大千）

001　　第一章　十五志于学

002　　　第一节　家世渊源
　　　　　　不做国君　杀夫夺妻　英雄父亲　长相颇怪
015　　　第二节　艰难时世
　　　　　　穷孩子早当家　合葬父母　到宋国去
027　　　第三节　志存高远
　　　　　　昭公赐鱼　眼高手低　君子不器　敏而好学

041　　第二章　三十而立

042　　　第一节　大学之道
　　　　　　创办私学　大成之学　有教无类　因材施教　成人之美
058　　　第二节　问学老子
　　　　　　一车两马　把智慧藏起来　学做减法
　　　　　　优秀更危险　老子是龙

072	第三节	是可忍孰不可忍
		螳螂捕蝉 八佾舞于庭 国君被流放 孔子生气了
084	第四节	苛政猛于虎
		三代人都喂了虎 满街人都没了脚 声色狗马
		君臣父子 风吹草动 和谁讲道德 小个子挤走大个子

101	**第三章**	**四十不惑**
102	第一节	智者不惑
		土里挖出一只羊 两小儿辩日 有鬼还是没鬼
		众生平等 父子相隐 以直报怨
118	第二节	极端是恶
		杀不杀公伯寮 学不学尾生高 不要再哭了
		可以要回报 曾参挨打
130	第三节	杏坛至乐
		有朋自远方来 历史不是什么 无爱不快乐
		到南河洗个澡 孔颜乐处

147　第四章　五十知天命

148　第一节　人就是天命
什么是天命　坏人也是天命　美玉待沽
阳货送来一头猪　阳货倒台了

162　第二节　鲁国司寇
从乡长干起　从小司空到大司寇　慎刑与无讼　好生恶杀

175　第三节　攘外安内
两面讨好　斗智斗勇　一个人的胜利
助理国相　拆了他的城　功败垂成

187　第四节　去鲁适卫
好色不好德　一步三回头　卫灵公的脸色　南子的美色
古今第一绯闻

203　第五章　六十耳顺

204　第一节　避人救世
一副热心肠　耳顺人有大执著　一意孤行
知其不可而为之　丧家之狗

222　第二节　大德容众
故国之思　不打棍子不扣帽子　忠恕之道　恕比忠更重要
宽容比自由更重要

237　第三节　圣者多情
乐山乐水　三月不知肉味　大爱大恨大悲哀

　　　　　做盲人的眼睛　不掏鸟窝
252　第四节　仁者担当
　　　　　陈蔡绝粮　好人有好报吗　做人有最高境界
　　　　　君子固穷　道德不是小红花

267　第六章　七十从心所欲

268　第一节　天下英才
　　　　　弟子三千　向颜回同学学习　子路登堂了
　　　　　子贡是个重器　自绝于日月
292　第二节　自由与道德
　　　　　叶落归根　国事顾问　为往圣继绝学　解放自己　人生化境
310　第三节　千秋木铎
　　　　　白发人送黑发人　呼天哭颜回　获麟绝笔
　　　　　子路回不来了　泰山崩

327　附录

328　附录一　孔子时代各国形势图
329　附录二　孔子生平年表
334　附录三　孔子七十七弟子一览表

339　后记

十五志于学

第一节 — 家世渊源

第二节 — 艰难时世

第三节 — 志存高远

第一节

家世渊源

鲁哀公十六年（公元前479年）的阴历二月四日，七十三岁的孔子病势沉重。黄昏时分，他强撑病体，拄着拐杖在门前徘徊。夕阳殷红，暮寒砭骨。他已经病了好多天了，弟子端木赐子贡从国外回来，一听说老师病了，赶紧来看望老师。

孔子一见子贡，悲欣交集。说："赐啊，你怎么才来啊。"说完，不禁老泪纵横。

子贡是他最为亲密的弟子之一。孔子一生，最为亲密的是三个弟子：颜回、子贡、子路。可是，在孔子七十二岁的时候，忠心耿耿跟随他四十多年的子路死了；在他七十一岁的时候，他一生最为欣赏并寄予厚望的颜回死了；再往前一年，他唯一的儿子孔鲤也死在了他的前面，可谓白发人送黑发人；而早在他六十七岁的时候，他的妻子亓（qí）官氏也先他而去了。所以，此时的他，能交代后事的，也只有子贡了。

孔子深情地对子贡说，夏、商、周三朝的贵族们死了以后，停放棺材的位置是不同的：夏代停放在东边的台阶上；周代停放在西边的台阶上；而商代，是停在正厅的两根柱子中间。我昨天晚上做了一个梦，梦见我就坐在两根柱子中间，接受别人的祭奠。所以我告诉你，我的祖先是殷商人，你要按商代的礼仪来安葬我。

七日后，孔子逝世。①

不做国君

孔子为什么说自己是殷商后裔呢？

相传，商的始祖——契，为舜帝时的司徒，掌管教化，恭敬宽厚；孔子的祖先汤，灭夏桀，建立商王朝，仁德勇武，泽被万方；其后，更有盘庚、武丁等承续契、汤遗德，使殷商王

---

① 《史记·孔子世家》：孔子病，子贡请见。孔子方负杖逍遥于门……谓子贡曰："……夏人殡于东阶，周人于西阶，殷人两柱间。昨暮予梦坐奠两柱之间，予始殷人也。"后七日卒。

朝绵延了近六百年；纵然是到了无道至极的商纣时期，在孔子心目里，殷人中依然有三位仁者在：

> 微子去之，箕子为之奴，比干谏而死。孔子曰："殷有三仁焉！"[1]

微子，纣王同母所生的兄长，因为他出生时母亲只是妾，所以不能够继承帝位。而弟弟子辛出生时，母亲已被立为正妻，所以获得立嗣而继承了帝位，就是商纣王[2]。微子则被封为子爵。纣王荒淫无道，微子屡次劝告，他都不听。于是，微子离他而去，隐居荒野。

箕子，纣王的叔父。也曾多次劝说纣王，纣王依然不听。箕子为求自保，就披发装疯，最终被降为奴隶。

比干，也是纣王的叔父。他认为君王有过错而臣子不拼死进谏，是不负责任，对不起天下百姓，于是强行向纣王进谏。纣王大怒道："听说圣人的心有七窍，果真如此吗？"就将比干剖胸挖心杀害了。

孔子高度评价商朝后期的这三个贤人，不仅是他对这三人仁德的肯定和颂扬，也是他对伟大的商文化的敬意，还是他对自己祖先的隐秘的感情的流露。

---

[1]《论语·微子篇》。
[2]《谥法》曰："残义损善曰纣。"

周武王灭商后，立纣王之子武庚为殷商贵族遗民的首领，赏赐给他一块封地，用以祭祀祖先，并将自己的弟弟管叔、蔡叔封于武庚附近，以作监视。

可是不久，武王去世，武王之子成王即位。成王年幼，无力执政，于是成王的叔叔、武王的弟弟周公姬旦，封于鲁而不赴，留在京城辅佐侄子，临时代理摄政。远在东方的管叔、蔡叔怀疑周公篡夺大权，便伙同武庚起兵造反。周公不得已带兵东征，用时三年剿灭叛乱。最后，管叔被诛，蔡叔流放，武庚也被杀。

武庚死后，考虑到微子在殷商遗民中威望极高，周公便将他封在宋，继续统领安抚殷商遗民，所以，微子是宋国的开国君主。

微子去世后，遵循商人传弟不传子的古老风俗，传位于弟弟微仲衍（孔子第十四世祖）。微仲衍又三传而至宋湣（mǐn）公（孔子第十一世祖）。宋湣公有二子：弗父何与鲋（fù）祀。湣公也传弟不传子，立弟炀公。可是鲋祀不服，杀了炀公，欲推兄长弗父何即君位。

弗父何断然拒绝。因为，一旦即位，他将面对如何处理弟弟杀掉叔叔——前任国君之事。他不想再有家人互残，血染宫廷。于是，他推掉君位，让鲋祀做国君，自己为卿。这位弗父何，正是孔子的第十世祖。从弗父何这里，孔子先世开始由诸侯之家转为公卿之家。

杀夫夺妻

孔子三十四岁时，鲁国贵族孟僖子，在临终前告诫儿子孟懿子和南宫敬叔，要他们向孔子学习，他告诉两个儿子：孔子是圣人之后。他说："孔丘的先祖弗父何本来可做国君，却让位给了宋厉公（鲋祀）。"①能让出国君之位，所以被称为"圣人"。

紧接着，孟僖子又对孔子的第七世祖正考父大加赞誉。正考父，弗父何的曾孙，连续辅佐宋戴公、武公、宣公三位国君，都被封为上卿。三朝元老，德高望重，可谓权倾朝野。按说这样的人会比较傲慢，至少是有些官架子。但恰恰相反，他三次受命上卿，一次比一次谦恭：第一次是低头曲背；第二次是弯腰屈身；第三次几乎是匍匐在地了。走路时不仅不横行霸道，反而是靠着墙边走，不妨碍别人。他还铸鼎一尊，表示要用这鼎煮稠粥，熬稀饭，以为糊口，节俭度日。

① 《左传》昭公七年。

更令人钦佩的是，正考父还可能是《诗经·商颂》的作者。据《国语·鲁语下》记载："正考父校商之名颂十二篇于周太师。"《后汉书·曹褒传》"考父咏殷"注：正考父"作《商颂》十二篇"。

现在的《诗经》上，《商颂》仅存五篇，其余七篇可能在孔子的时代就已经亡佚了。

回想孔子整理《诗经》之时，抚琴吟唱《商颂》五篇，他会如何怀想他的这位七世祖！他又会如何怀想伟大的商汤以及伟大的商族文化！

正考父有一子，叫孔父嘉（孔子第六世祖）。自弗父何至孔父嘉，共五代。按周礼规定，族人出了五服就要别立宗族。于是，孔父嘉"别为公族，故后以孔为氏焉"。①"孔父，字也，嘉，名也。后世以字为氏"。②就这样，以孔为姓氏的家族正式形成。

孔父嘉也连做宋穆公、殇公两朝大司马。但是，结局却非常凄惨。

孔父嘉的妻子非常美丽，为宋国太宰华父督所垂涎。据《左传·桓公元年》记载：

---

① 胡仔《孔子编年》。
② 清·江永《文庙祀典考》。

宋华父督见孔父之妻于路，目逆而送之，曰："美而艳！"

宋国的太宰华父督（名督，字华父），某日在路上看见孔父嘉美丽的妻子，他的两眼当时就直了，一路看着她款款走来，又目送她足踏芳尘而去，不知不觉口水都流了出来，叹息道："华美而艳丽啊！"

宋殇公在位十年，却打了十一场战争，弄得贵族也好，国人也罢，怨声载道。华父督乘机散布流言："这都是大司马孔父嘉造成的！"煽动宋人仇恨孔父嘉。

最终，华父督杀孔父嘉，并占有了孔父嘉的妻子。殇公愤怒，要惩罚华父督。华父督一不做二不休，干脆连殇公也杀了。

孔父嘉之子木金父（孔子第五世祖），为避家族奇祸，逃奔鲁国，孔氏就此迁居于鲁，身份也一落千丈，由公卿之家再降为上层社会的最低一级——士。

我们看看孔子家族的一路衰落：

商汤（天子）——微仲衍（诸侯）——弗父何、正考父、孔父嘉（卿大夫）——木金父（士）

从商之王族到周之诸侯，再到宋国公卿，最后降为鲁国的士，失去了世袭封地，孔子的祖先最终沦落到了必须靠俸禄生存的地步，而要俸禄就必须服务于更高一级的贵族。木金父之孙（孔子的曾祖父）孔防叔，便是鲁国贵族臧孙氏的家臣，出任臧孙氏采邑——防的邑宰，大约相当于现在的乡长或村长。防在曲阜东约三十里。孔防叔的身份，就是士。

英雄父亲

孔子之父，叔梁纥（姓孔，名纥，字叔梁），曾任陬（zōu）邑宰（今山东曲阜市东南尼山附近）。陬邑属于鲁国公室，陬邑宰为鲁国的正式地方官，比孔防叔的家臣地位略高。史载叔梁纥以勇力著称。

鲁襄公十年（公元前563年），叔梁纥五十五岁。晋国率领诸侯联军围攻逼阳[①]，叔梁纥随鲁军攻城。逼阳守军故意打开城门，放进部分联军，随即落下，以图关门聚歼。危急关头，叔梁纥独自托起闸门，让已进城门的士兵及时撤离，立下了战功。

鲁襄公十七年（公元前556年），叔梁纥六十二岁。齐国侵犯鲁国。鲁国大夫臧纥被困于防邑。乘夜，叔梁纥同臧纥的两

[①] 古国名，一妘姓小国。在今山东枣庄市台儿庄区涧头集、张山子镇一带。

名兄弟率领三百人突出重围，护送臧纥抵达援军营地，自己又折回防邑继续守卫。齐人目睹其骁勇，又有援军接应，便罢兵而去。从此，叔梁纥"以勇力闻于诸侯"。①

六十六岁时，这位沙场勇士，壮心不已，在情场上也胜利凯旋。他赢得了一名少女的芳心，并且成功地获得对方家族的同意，娶之为妻。这是他一生中的第三个女人。

这名少女名字叫颜徵在。司马贞《史记索隐》中记载："徵在笄年适于梁纥。"笄年即十五岁，颜徵在十五岁嫁给了叔梁纥。

已届人生暮年，叔梁纥为何还要娶一名比他足足小了五十一岁的少女为妻？

当然，他老当益壮，并且，有可能他和颜徵在之间存在着超越年龄的爱情。但有一点是肯定的：叔梁纥正妻施氏给他生了九个女儿，却没有儿子；娶了一个妾，生了个儿子，叫孟皮，又是个瘸子，不能主祀。叔梁纥不甘心，他的家族不能就此人丁寥落。所以，他一定要再娶，为家族的后继有人而战。

鲁襄公二十二年，公元前551年9月28日，颜徵在为叔梁纥生下一名长相颇怪，却非常健康的男孩。这个男孩不仅将延续

---

① 胡仔《孔子编年》。

孔氏家族，而且将塑造一个民族。

这个男孩就是孔子。

关于孔子的出生，司马迁用了一个词"野合"。他在《史记·孔子世家》记载道：

> 纥与颜氏女野合而生孔子。

有人认为"野合"就是野外媾合。但司马迁是非常崇敬孔子的，他不加说明地使用"野合"一词，绝不会是唐突，更不是亵渎。所以，也有许多人认为是叔梁纥与颜徵在的年龄相差太远，不符合周礼，故称"野合"。

关于"野合"的说法还有一些，如刘方炜在《孔子纪》中认为："高禖"（即"郊禖"），是商族遗留下来，直到春秋战国时还流行的男女郊外野合的一种婚配风尚。具体而言，是在每年的仲春（周历二至三月，夏历十二月至来年一月，今公历一至二月），男女去郊外某些特定地点欢会、野合。叔梁纥和颜徵在就是在此种风俗之下，私下结合了。

这个说法非常精彩，与他认为的孔子出生于十月初时间上吻合，与现在官方认定的孔子出生于九月二十八日也接近。但是，这种"私下结合"，合不合礼呢？

其实，只要在此基础上，再往前一步，就能解释这个问题："郊禖"不仅不是"私下结合"，反而是"受命结合"。

《周礼·地官·媒氏》云：

> 中（仲）春之月，令会男女。于是时也，奔者不禁。若无故不用令者，罚之。

为什么那时"不禁野合"，甚至要处罚不野合？这与"春祭"有关。"春祭"是在春天举行的祭天、祭祖活动，目的是希望在新的一年里国泰民安、风调雨顺、五谷丰登。因为男女之合与农作物的春播秋收有相似之处，于是人们把人类生殖活动与农业生产活动联系了起来。

因而，在仲春之月，春耕播种之际，"令会男女"，以乞农业丰收、国泰民安，是严肃的官方命令，而不是男女私下的"性自由"。当然，具体谁和谁结合，那就要看两人的感觉和缘分了，有自由的成分，也有爱的成分。叔梁纥是勇士，孔武有力，身材高大，这对于一个青春少女而言，有着强烈吸引力。

大约是他们结合之后，叔梁纥便正式向颜氏家族求婚。颜氏家族顺应颜徵在的意愿，答应了这门亲事。

长相颇怪

司马迁接着写道：

祷于尼丘得孔子。鲁襄公二十二年而孔子生。生而首上圩顶，故因名曰丘云。字仲尼，姓孔氏。[①]

叔梁纥与颜徵在到尼丘山上向神灵祷告后生孔子，叔梁纥给儿子取名为"丘"，字"仲尼"。之所以如此取名和字，原因有二：

第一，祷于尼丘山而得，排行老二，故名丘字仲尼。

第二，生而首上圩顶，头型酷似尼丘山，中间低，四周高。今曲阜的尼山山顶就是如此特征，司马迁可能到过尼丘山。司马贞《史记索隐》也说，孔子的头型如同"反宇"，就是屋顶反过来的样子，中间低四周高。

从此，在中华民族的历史上，就诞生了一个千古传响的名字：孔丘，孔仲尼。后来尼丘山为避孔子名讳，改称尼山（古代避讳，避名不避字，故去丘而存尼）。

没有孔丘，尼丘山不必改名；没有孔丘，尼丘山也不会成名。尼丘山碰上孔夫子，幸焉，不幸焉？不幸焉，幸焉？

不论"野合"是何含义，不论孔子祖先的身份如何变迁，呱呱坠地的孔子，即将成为其整个家族链上最璀璨的一环，在中华文明史上光照千秋。

[①] 《史记·孔子世家》。

可以想象，一生好古，一生好学的孔子，当他回眸祖先的足迹，俯思祖先曾经创造的灿烂文明，仰瞻先人传递于后世的德风仁行时，他的心中必将筑起一道厚重而温馨的生命底基。我们从他临终前还念念不忘自己是殷人，从他对"殷有三仁焉"的感慨，便可感受到他对自己祖先及其文化的缅怀，虽然他一生崇仰的是"郁郁乎文哉"的周王朝礼乐文化。

然而，与健康躯体的诞生相比，一颗伟大心灵的锤造却是艰辛而漫长的，光有辉煌的家世渊源是远远不够的。

鲁襄公二十四年，公元前549年，孔子三岁时，父亲叔梁纥去世了，葬于防（今曲阜市东约三十里）。

一个三岁的孩子，在一个十八岁的年轻母亲抚养下，又将直面多少风雨坎坷？又是如何走上了一条由凡入圣的人生路呢？

第二节

艰难时世

孔子三岁时,父亲叔梁纥去世,抛下了一大家子:除孔子和颜徵在外,还有九女、一子、一妾。九女中有些应已出嫁,剩下的,可能有些年龄比颜徵在还大。叔梁纥是个士,只有俸禄,没有采邑等固定收入。他死后,俸禄当然也就断绝。这么多的子女家人,经济压力一定很重,不是一个十八岁少妇能够负担得起的。孔氏家族愈加衰落,孔子和母亲也陷入窘境。

我们现在已无法了解当时这个家庭发生了什么。只知道颜徵在带着三岁的孔子离开了孔家,孤儿寡母搬入了鲁国都城曲阜,住进一条叫阙里的小巷,开始了母子相依为命的艰难岁月。

晚年，孔子回顾一生，曾说：

> 吾十有五而志于学。①

"志于学"，许多人理解为，开始学习，显然不是。因为，如果到十五岁才开始学习，那未免太晚了。原话是"吾十有五而志于学"，而不是"吾十有五而学"。"学"与"志于学"是不同的，"志于学"之前，一定有一个学的过程，学出了兴趣，明确了志向，悟出了人生的终极目标，然后，才"志于学"。其实，这句话的意思是：孔子从十五岁开始，就立志把自己的一生奉献给研究学问，奉献给追求真理。

穷孩子早当家

那么，是怎样的学习历程让孔子年仅十五岁就确立了如此高远的志向？

孔子最初的"学"可以分为三个方面：

第一，启蒙之学——嬉戏中的礼乐文化。

据司马迁于《史记·孔子世家》所记：

> 孔子为儿嬉戏，常陈俎（zǔ）豆，设礼容。

---

① 《论语·为政》。

孔子儿时游戏，常常摆设俎豆等祭器，模仿祭祀的礼仪动作。

又清代郑环《孔子世家考》写道：

> 圣母豫市礼器，以供嬉戏。

母亲颜徵在买来礼器，供孔子嬉戏。

不论是天生如此，还是后来母亲的引领，孔子自幼对礼乐文化产生了浓厚兴趣。也许这还跟他生活在礼仪之邦的鲁国有关。鲁国始祖正是周公旦，周礼的制定者，周王朝礼乐文化的开创者。鲁国，可谓是礼乐文化的故乡。

这看似儿戏的启蒙，实则是最根深蒂固的学习，为孔子日后的立志夯下了第一块基石，在其心灵最深处撒下了文化的火种。这基石终将托起信仰的大厦，这火种终将照亮理想的大道。从此，孔子就有了一种超越于一般同龄人的兴趣：这是对一种伟大文化的兴趣，对一种伟大文化传统的兴趣。

第二，谋生之学——下层人的谋生手段（鄙事）。

孤儿寡母，为了生存，母亲不外乎缝缝补补，浆洗扫除。儿子也一定力所能及，零敲碎打，帮助母亲，贴补家用。

后来，吴国的太宰嚭（pǐ）问子贡道："孔老先生是圣人吧？怎么如此多才多艺呢？"

子贡自豪地说："我的老师啊，那是天纵之圣，而且又多才多艺！"

可是孔子自己不赞成"天纵之圣"的说法。他认为自己的境界和才能是努力学习和生活磨炼的结果。他对子贡说："太宰了解我吗？我少年时贫贱，为了养活自己，所以会许多卑贱的技艺。一个有地位衣食无忧的君子会有这么多技艺吗？不会啊！"①

孔子所说的"君子"，指的就是衣食无忧的贵族。他们不需要那么多谋生技艺，所以，他们不会。但是，贫寒的孔子需要。说这话时，孔子一定又想起了他少年时期的艰难。不过，正是那艰难，磨炼出了他的坚韧品格和卓越的才能。

第三，谋仕之学——传统儒业，即"小六艺"：礼、乐、射、御、书、数。

为了生活，孔子不免从事一些仅仅为了养家糊口的行当。但是，他毕竟是士族，他要立足社会，只能通过传统的儒业——学好六艺，走上仕途。

钱穆《孔子传》说：

> 当时士族家庭多学礼乐射御书数六艺，以为进身谋生之途，是即所谓儒业……儒乃当时社会一行业，一名色，已先孔子而有。即叔梁纥、孔防叔上

---

① 《论语·子罕》：太宰问于子贡曰："夫子圣者与？何其多能也。"子贡曰："固天纵之将圣，又多能也。"子闻之，曰："太宰知我乎。吾少也贱，故多能鄙事。君子多乎哉？不多也。"

不列于贵族，下不侪于平民，亦是一士，其所业亦即是儒。

礼、乐、射、御、书、数，简单一点说：

礼，指周礼，是那个时代的人必须掌握的生活礼节，是各种仪式上的礼仪，是人与人之间的礼数。不同场合有不同的礼节，有不同的礼仪，有不同的礼数，很复杂，一般人不能完全明白，能搞明白的就是专家。很多时候，需要这样的专家指点人们从事相关礼仪。比如，婚丧嫁娶，总有一些程序和规则，必须有专业人员指导。那时的礼仪比今天复杂得多，所以，"相礼"是一个极其重要的职业，也是社会需求量特别大的职业。

乐，跟礼有关，有礼之处必然有乐，什么场合就用什么礼，并配以相应的乐。懂礼者必懂乐。

射，射箭，贵族士族是要保家卫国的，射箭是必修课。并且，礼中还有射箭的比赛。

御，驾车，古代打仗要驾战车，平时大夫出行，也乘马车，这是身份的标志。所以，御，在那时，既是交通工具，也是战争工具。

书，相当于今人所说的听说读写。

数，既包括算术，还包括术数等。

以上六项，我们称之为"小六艺"，实际上就是当时"公务员"必须具备的六个方面的知识和技能。如果要进入国家政府机构谋职，就必须具备这六个方面的知识和技能。

孔子毕竟是士族子弟，年少时为了谋生，不得不去学点"鄙事"，但他一定会把更多精力用于学此六艺，以便将来谋求仕进，参与国家管理。这才是他最后必须要走的人生之路。

在母亲的引领、自身的努力、环境的磨炼和熏陶下，孔子学习着，成长着。十五岁那年，他领悟到：人生有超越于谋生、超越于谋仕之上的价值，那就是真理，以及为探索真理而存在的学问。从此，他义无反顾地走上了"志于学"的道路；从此，他的求学不再是为了谋生，不再是为了谋仕，而是为了探寻真理，捍卫真理。孔子的精神有了支柱。

然而，考验他学习成果，考验他精神力量的沉重打击也接踵而至。

合葬父母

孔子十七岁时，与他相依为命、相濡以沫、相呴以湿的母亲颜徵在去世了。考虑到此前母子俩与其他家族成员的隔膜关系，从此以后，尚未弱冠的孔子几乎成了一名孤儿。

在那个时代，办丧事是一件很大的事。对十七岁的孔子来说，他还有一个心愿，那就是，想把母亲和父亲合葬在一起：

> 孔子之母既葬，将立葬焉，曰："古者不祔葬（合葬），为不忍先死者之复见也。诗云：'死则同穴'，自周公已来祔葬矣。故卫人之祔也，离之，有以闻焉；鲁人之祔也，合之，美夫，吾从鲁。"①

可见，鲁人的合葬，是要葬在同一个墓穴里的。孔子认为这种做法很美好，也要把他父母葬在同一个墓穴里。但这样，他有个大难处：因为他不知道父亲葬在哪里：

> 孔子少孤，不知其墓。②

父亲去世时，孔子才三岁，他确实不可能记得父亲的坟墓所在。但是，此时，他已经十七岁了，这么久的时间，他难道没有去父亲墓前祭奠吗？母亲为什么不告诉他呢？

司马迁《史记·孔子世家》中的一条记载很怪：

> 丘生而叔梁纥死，葬于防山。防山在鲁东，由是孔子疑其父墓处，母讳之也。

钱穆对此事的说法是：

---
① 《孔子家语·曲礼·公西赤问》。
② 《礼记·檀弓上》。

孔子父叔梁纥葬于防，其时孔子年幼，纵或携之送葬，宜乎不知葬处。又古人不墓祭，岁时仅在家祭神主，不特赴墓地。又古人坟墓不封、不树、不堆土、不种树，无可辨认。孔氏乃士族，家微，更应如此。故孔子当仅知父墓在防，而不知其确切所在。①

钱穆只是回答了年幼的孔子为何不知父墓所在，而最关键的问题，即孔子母亲为什么"讳之"——为什么颜徵在要对孔子隐瞒其父亲的坟墓所在——却没有说明。

这个事情很有意思。如果一个母亲不告诉儿子他的父亲葬在哪里，这对儿子不公正，对丈夫也不能说是公正的。

司马贞不同意司马迁的说法，他认为颜徵在并非是"讳之"，她是真的不知道丈夫具体安葬的地点——她只知茔，而不知坟：

> 谓孔子少孤，不的知父坟处，非谓不知其茔地。徵在笄年适于梁纥，无几而老死，是少寡，盖以为嫌，不从送葬，故不知坟处，遂不告耳，非讳之也。②

茔，指的是坟所在的区域，俗称坟地；而坟，则是棺木的准确下埋之处。因为后世此处要堆土坟起，故称为坟。问题

---

① 钱穆《孔子传》。
② 司马贞《史记索隐》。

的关键在于：坟和茔的不同。因为古人不墓祭，岁时仅在家祭神主，不特地赴墓地。又古人坟墓不封、不树、不堆土、不种树，所以，有墓无坟。时间久了，即便是亲人，也难以辨认。所以孔子的母亲不知道丈夫棺木落土的具体位置。

既然如此，为什么司马迁不直接说颜徵在也不知葬处，而是说颜徵在"讳之"？"讳之"的意思，显然是自己知道而不说。

实际上，我觉得大家都把一个本来十分简单的问题搞复杂了。

其实，司马迁说的"母讳之也"的"讳"，不是母亲颜徵在怨恨叔梁纥。如果是这样，太史公应该说"母怨之"，而不是"母讳之"。此处的"讳之"，是指颜徵在忌讳谈自己的死，忌讳谈什么安葬之事。颜徵在去世时，年方三十二岁。应该说，她不相信自己会离开人世。至少，这样的年龄，应该忌讳谈自己的死，谈什么合葬等等，这都是不吉利的话题。可是没想到，她真的死了。

母亲已死，停丧在家，父亲的墓穴找不到，合葬之事又等不得。于是，孔子就"先浅葬其母于鲁城外五父之衢。而葬事谨慎周到，见者认为是正式之葬，乃不知其是临时浅葬"。[1]然

---

[1] 钱穆《孔子传》。

后，孔子到处打听，寻找知道线索的人。

他的一片孝心，感动了一位老太太。这个老太太的儿子是职业抬棺人，曾经参与安葬叔梁纥，她告诉了叔梁纥棺木的具体位置。孔子终于可以把父母合葬了。为此，钱穆先生感慨地说："时孔子尚在十七岁以前，而其临事之缜密已如此。"

但是，十七岁的孔子毕竟年轻，在他圆满地办完父母安葬大事之后不久，就发生了一件令他很尴尬的事。这件事对他刺激太大了，直接导致他服完丧后，第一次离开鲁国。

到宋国去

鲁国的执政上卿季氏发了一个通告，在家宴请所有的鲁国士族子弟。

我们知道，大夫的"家"，与我们今人的"家"不同，它相当于政府职能部门。季氏的"家"，就相当于鲁国的国务院。所以，这样的"家宴"，实际上是政府部门的一次重大活动，其动机，其实就是清理"士"族，重新进行身份认证。

所以，孔子不得不去：

第一，这是一种体面和光荣，体现的是家族的地位和身份，以及将来的政治前途。如果不去，很可能意味着士的身份的失去。

第二,既然是执政的邀请,还不得不去。谁敢不给季氏面子?或者说,季氏给别人脸面,谁敢不要这个脸面?

我们可以想象到孔子此时的两难:去吧,在母丧期间;不去吧,谁知道会有什么后果?

十七岁的孔子,既无法与季氏沟通,也没有人可以商量。他是一个孤独的少年。几经思考,孔子决定前往。因为还在守丧期,他便穿着丧服去了。这实在是很唐突的。但是,我们还是同情这个只有十七岁的少年吧,对于毫无上层社会经验的他,我们要给予的不应该是嘲笑,恰恰相反,应该是同情的眼泪。

在季氏家门口,孔子碰到了季氏的家臣阳货。阳货趾高气扬地挡在门口,跟孔子说:"我们家主人请的是士,没有说要请你。"①

值得注意的是,阳货并没有责备孔子的失礼。很多人指责孔子穿丧服赴宴是失礼,并因此遭到拒绝,这是不对的。因为如果是这样,阳货应该对孔子失礼更加敏感,并对孔子予以这方面的指责。而阳货并没有指责孔子的失礼,看阳货的意思,他根本不承认孔子"士"的身份。这才是最要命的。

---

① 《史记·孔子世家》:孔子要绖,季氏飨士,孔子与往。阳虎绌曰:"季氏飨士,非敢飨子也。"孔子由是退。

士是贵族阶层的最后一个等级,是统治阶级的最底层,是通往社会上层的门槛,再往下就是庶民、百姓了。没有士的身份,就几乎失去了进入社会上层的资格。

这使得孔子受了很沉重的打击。一个十七岁的少年,父亲去世了,谁给他出头?母亲不在了,谁给他擦一把辛酸的眼泪?他一个人默默地退下来,只好独自回家去。

家族昔日的荣耀,父亲昔日的英武和地位,母亲昔日的关爱,而今彻底地成了过去。父母双亡无依无靠的孔子,从此必须独自面对世界,独自面对前途未卜的人生。

据《孔子世家》载,十九岁,服母丧期满的孔子,打点行装,仗剑去国,到宋国去了。

第三节

志存高远

孤独离乡的孔子,应该是迷茫和倔强兼而有之吧!宋国,不仅是他的祖宗之国,而且,还是文化之都,是殷商文化的传承之地。到宋国,不仅是寻找自己的人生,也是探究一种伟大的文化。这也应该是少年孔子发愤图强的表现吧。

打击,可以毁灭庸人。而豪杰之士,则在打击中愈挫愈奋,百炼成钢。

(孔子)长居宋,冠章甫之冠。①

孔子在宋国,迎接自己的弱冠之年,戴着商族的章甫之帽。我们可以想象,他穿戴着祖宗之国的服饰,寻访着祖辈先

---

① 《礼记·儒行》。

贤的足迹,沐浴着祖先的遗风,感受着在民族历史上不可磨灭的殷商文明。那一股股扑面而来的亲切感、厚重感,必定深深地激荡着他这颗年轻但又孤独的心。祖先的功绩,祖先的文化浸润着他,温暖着他,激励着他。

弱冠之后,孔子与宋国亓官氏家族的一个女子结婚。婚后不久,又回到鲁国。

在哪里跌倒,就在哪里爬起。他回来了,而且还真的爬起来了。

昭公赐鱼

回鲁国的第二年,孔子的儿子出生了。

鲁昭公听说孔子生了孩子,派人给孔子送了一条大鲤鱼,表示祝贺。孔子非常欣喜,他想起十七岁那年受辱的场景,看看今天鲁昭公送来的这条活蹦乱跳的大鲤鱼,当即决定,儿子的名就叫鲤,字就叫伯鱼。

> 伯鱼之生也,鲁昭公以鲤赐孔子。荣君之贶(kuàng,赏赐),故名曰鲤而字伯鱼。[1]

[1]《孔子家语》。

鲁昭公赐鱼，让孔子感到光荣，更让孔子对鲁昭公充满感激之情。这种感激之情，伴随了孔子一生。

但是，一个问题是：国君鲁昭公为什么要对一个刚刚二十岁尚未出仕做官的年轻人如此恩宠和重视，给予他这么大的礼遇和荣耀呢？三年之前，孔子十七岁的时候，一个小小的家臣阳货都看不起他，根本就不承认他的士的身份啊。

答案只有一个：孔子此时获得了人们的尊重。

一无显赫的家世，二无自身的富贵，孔子凭什么获得了尊重呢？答案也只有一个：孔子以他的学问，获得了人们的尊重。

那么，是什么样的学问，能让他得到当政者的认可呢？显然不是那些下层人的谋生之学，这是鄙事，是"君子"（有权有势的贵族）不为的，也是不屑为的，所以，孔子不可能以此获得君子的认可。

能够获得上层社会认可的学问，在那个时代，只能是"六艺"——礼、乐、射、御、书、数。

可见，孔子到了二十岁时，就成了"六艺"专家，成了国家最需要的人才了。

一个人受人尊敬，一定是有原因的；一个人受人尊敬，一定是要通过自己的努力获得的；一个人受人尊敬，一定有让别人尊敬的理由。

孔子本来一无所有，到二十岁时，这么个普普通通的小青年居然得到国君如此礼遇，靠的是什么？靠的就是通过自己努力达到的学问的水准。

鲁昭公给他送来的，实际上不是一条鲤鱼，而是：一，士族的身份证；二，进入官场的候补证。获得国君的认可和褒奖，几乎相当于通过了后世科举考试的廷试（殿试）。

孔子在鲁国的前程，终于曙光初现。

眼高手低

鲁昭公赐鱼不久，鲁国的执政上卿季平子就聘请孔子到他家做委吏（仓库保管员）。第二年，孔子又做了季氏的乘（shèng）田（管理牧场）。

司马迁《孔子世家》这样记载：

> 孔子贫且贱。及长，尝为季氏史（索引：有本作"委吏"），料量平；尝为司职吏，而畜蕃息。

孟子则这样说：

> 仕非为贫也，而有时乎为贫……为贫者，辞尊居卑，辞富居贫。辞尊居卑，辞富居贫，恶乎宜乎？抱关击柝。孔子尝为委吏矣，曰："会计当而已矣！"

尝为乘田矣，曰："牛羊茁壮长而已矣。"①

孟子这段话的意思是：做官不是因为贫穷而去拿俸禄，但有时也会因为贫穷要拿俸禄而做官。如果是因为要拿俸禄而做官，就应该辞掉高位，居于卑位，拒绝厚禄，接受薄禄，比如做一些像守门打更一类的差事就行了。接下来，孟子就举孔子为例来说明。他说，孔子曾当过管理仓库的小吏，孔子说："把账目记清楚就行了。"孔子还曾当过管理畜牧的小吏，说："牛羊长得壮实就行了。"

孔子当时做这样位卑而禄薄的职务，未必像孟子所说的那样，仅仅是为了糊口，所以拒绝高官厚禄。真实的情况可能是，孔子当时还缺少做更大的官职、担当更大责任的资历与名望，他毕竟才二十来岁啊。但是，孔子做这样的差事，却非常认真，"会计当"，"牛羊茁壮长"。司马迁也说他"料量平"，"畜蕃息"。

有一个词叫"眼高手低"。一般人都把它当成一个贬义词。其实这个成语，可以做一个全新的理解：眼高者，并不拒绝手低；手低时，眼界却在高处。手低，是脚踏实地，干好本分活，受人之禄，忠人之事；眼高，是不为眼前一切所局限，

---

① 《孟子·万章下》。

明白自己还有更大的追求。

所以,仔细揣摩孟子转述孔子的话,是很有意思的。"会计当"、"牛羊茁壮长",后面都有三个字:"而已矣!"为什么用这样的语气呢?"会计当"、"牛羊茁壮长",说明他这活儿干得好,手低。"而已矣"呢,表示这活儿干到这样就行了,他不会在此沉迷,不会在此花太多的心思。他又不追求将来去做会计师、总会计师,又不追求做畜牧专家,不开奶牛场,不做牛奶生意。

孔子有更高的眼光。假如孔子所学,都是这些或谋生或谋仕的专业知识,就不可能有后来的孔子了。孔子之时,所谓"学",都是为了谋得一个职业,获得一份俸禄。如果孔子和别人一样满足于此,那就不叫"志于学",应该叫"志于仕"了。

君子不器

孔子讲过"君子不器"[①],是说君子不是一个只有专门用途的器具。他不会把自己弄成一名专家,他不会为了谋取一官半职,去专门学习某一专业,成为某一专业人才——他是专

---

① 《论语·为政》。

家，但他不仅仅是专家。

有一天，他严肃地告诫学生子夏说：

> 汝为君子儒，毋为小人儒。①

什么是小人儒？就是专业儒、职业儒，就是学成某一专业，以此谋生的儒。什么是君子儒？就是道义儒，这才是真正"志于学"的儒。

"志于学"的本质就是"志于道"。孔子将探究宇宙人生的大道作为自己的使命，将研究历史文化作为自己的职责，将提高自己的人格境界臻于至善作为目标。从此，职业儒的"礼、乐、射、御、书、数"退后为"小六艺"，是小学；《诗》《书》《礼》《乐》《易》《春秋》，成为"大六艺"，是大学，是文化。

所以，孔子不会在官场沉迷。虽然他做官谋仕，才足堪任，前程远大，但是，他志不在此。

北宋著名哲学家、"关学"领袖张载张横渠先生，曾经提出过有名的"横渠四句"：

> 为天地立心，为生民立命，为往圣继绝学，为万世开太平。

---

① 《论语·雍也》。

这，才是孔子的人生目标。

这，才是他"志于学"的真正含义。

可以毫不夸张地说，孔子的"志于学"三个字，改变了中国文化史。从此以后——

第一，学术研究和道义探讨可以成为一个人的终身事业。这是前无古人的。从此，学术有了独立的价值和地位，不再是体制的附庸，道统开始独立于政统并高于政统。

第二，一个人，也可以不做任何具体职业，而专门从事学术研究。这是知识独立、知识分子独立的明确信号。孔子之前，无此类人；孔子之后，很多此类人。有此类人，才有百家争鸣。

第三，知识分子不再是专家，不再是专业技术人员，职责也不再是从事某些专业技术性的工作，而是"祖述尧舜，宪章文武"，担当天下，担当道义。

所以，钱穆先生说：

> 惟自孔子以后，而儒业始大变。孔子告子夏："汝为君子儒，毋为小人儒。"可见儒业已先有。惟孔子欲其弟子为道义儒，勿仅为职业儒，其告子夏者即此意。①

---

①钱穆《孔子传》。

章太炎《国故论衡·原儒》中说:

> 儒有三科,达名、类名、私名。
>
> 所谓达名,殆公族术士之意。儒士即术士(引者注:就是算命打卦、风水巫医……)。
>
> 所谓类名,殆知礼乐射御书数之人,皆为国家桢干(引者注:就是各级官员、公务员)。
>
> 所谓私名,与今人所云甚近。即《七略》所谓"出于司徒之官"者(引者注:就是知识分子,道义承担者)。

自孔子而后,儒乃由职业技术,进而至于学术流派,不再是一个职业了。士也不再是"志于仕",而是"志于道"了,甚至可以"朝闻道,夕死可矣"。这是对传统儒的否定,是新兴儒的道德宣言。从这个意义上说,孔子不但不是一般人认为的所谓的"学而优则仕"传统的开创者,恰恰相反,是这个传统的终结者。

令"儒"脱胎换骨,由术士进而为六艺专家,再进而成为"祖述尧舜、宪章文武",担当天下,担当道义,任重道远的君子儒,这正是孔子在中国文化史上的巨大贡献之一。

唯此,日后才有孔子弟子曾子关于"士"的道德宣言:

> 士不可以不弘毅,任重而道远。仁以为己任,

不亦重乎？死而后已，不亦远乎？ ①

——读书人不可以不心胸广阔，意志坚定，因为他们责任重大，道路遥远。把实现"仁"看做是自己的任务，这不是责任重大吗？承担如此重任一直到死才放下，这不是路途遥远吗？

这样的士，因孔子而出现了，而且还是群体性出现了，整个民族的面貌由此改变了！

敏而好学

孔子之所以由凡人成为圣人，无他，好学而已。

子曰："十室之邑，必有忠信如丘者焉，不如丘之好学也。" ②

孔子曾自信地说：即便十户人家的小村邑，也一定有如同我这样忠信的人，只是不如我这样爱好学习啊。

忠厚老实的人很多，勤勉好学的人太少。好学，则一切缺点可望改掉，一切不足可望弥补。

卫国的执政上卿孔圉（yǔ），字仲叔，死后被谥为"文"。子贡有一次问老师："孔文子何以谓之'文'也？"孔子回答：

---

① 《论语·泰伯》。
② 《论语·公冶长》。

"敏而好学，不耻下问，是以谓之'文'也。"①

一般而言，聪敏的人大多不好学，不刻苦；地位高的人大多以向地位低的人请教为耻。所以，能做到聪明而又好学，地位高而又不耻下问，是比较难得的。孔子这样夸奖孔文子，其实，这也是孔子的夫子自道。

孔子因其才能和德行，从委吏到乘田，最后，得到当政者的赏识，甚至得以进入太庙，协助祭祀礼仪，这表明他已经进入社会上层。他进入太庙，对每种礼仪、每件礼器，都要发问。于是有人说："谁说鄹（zōu）人叔梁纥的儿子懂礼呢？到了太庙，每件事情都要问人。"孔子听到这话，说道："每件事都要问明白，以免疏漏，这正是礼要求的谨慎呀！"②

鲁昭公十七年，孔子二十七岁，鲁国的附属小国郯（tán）国的国君郯子来访问鲁国。鲁昭公和鲁国执政大臣叔孙昭子设宴招待郯子。郯子是很有学问的人。在宴会上，叔孙昭子问郯子，他们的祖先少昊氏的官名为什么都是以鸟命名？郯子给他作了令人满意的解释。未能参加接待的孔子听说后，赶紧跑到国宾馆，当面讨教郯子，把这个问题彻底搞明白了。③

---

① 《论语·公冶长》。
② 《论语·八佾》：子入太庙，每事问。或曰："孰谓鄹人之子知礼乎？入太庙，每事问。"子闻之曰："是礼也。"
③ 《左传·昭公十七年》。

孔子就是这样一个不放过任何学习机会的人。他后来讲过一句话："可与言而不与之言，失人。"[①]本来应该跟他谈一谈，讨教讨教，可是擦肩而过，失之交臂，这叫失人啊。

除此之外，孔子还外出求学。三十岁之前，至少两次出国：

第一次，在前文已有叙述，是在他十九岁时去宋国。这是一次认祖归宗的旅程，从曲阜到宋国国都，约两百多里，路途艰险，孔子要去那里学习殷商古礼。

第二次，是去郑国向子产学习。子产在孔子三十岁时去世。所以，他在郑国向子产学习的时间应该在三十岁之前。

《史记·仲尼弟子列传》载：

> 孔子之所严事：于周，则老子；于卫，蘧（qú）伯玉；于齐，晏平仲；于楚，老莱子；于郑，子产；于鲁，孟公绰。数称臧文仲、柳下惠、铜伯华、介山子然，孔子皆后之，不并世。

按司马迁的说法，孔子所严肃认真恭敬侍奉的老师，有老子、蘧伯玉、晏子、老莱子、子产，还有孟公绰。

《史记·郑世家》载：

> 子产者，郑成公少子也。为人仁，爱人，事君

[①]《论语·卫灵公》。

忠厚。孔子尝过郑，与子产如兄弟云。

孔子和子产的关系，竟然亲如兄弟。这是一对忘年之交，是典型的"以文会友，以友辅仁"。子产为人很仁德，能够爱人。后来，有一次弟子樊迟问孔子什么叫"仁"，孔子回答说："爱人。"①由此看出，子产对他是有影响的。

孔子后来评价子产，说子产有四种品行符合君子之道：

> 其行己也恭，其事上也敬，其养民也惠，其使民也义。②

行为举止很谦恭，侍奉国君很恭敬，对待人民很慈惠，使唤人民合乎义。

子产去世，消息传到鲁国，孔子哭着叹息说："古之遗爱也。"③——子产这样的人，是伟大的古代文化培育出来的一个仁爱之人啊。

就这样，孔子一边为官谋生，一边坚持学习，向着人生和学问的深度掘进。一个思想的大师、道德的圣人，就要出现。

子产去世这一年，孔子刚好三十岁。经过多年的磨砺和上进，三十岁的孔子，终于步入了他的而立之年。

---

① 《论语·颜渊》：樊迟问仁。子曰："爱人。"
② 《论语·公冶长》。
③ 《左传·昭公二十年》。

三十而立

第一节 — 大学之道

第二节 — 问学老子

第三节 — 是可忍 孰不可忍

第四节 — 苛政猛于虎

第一节

大学之道

好学，再加上过人的天赋，到三十岁时，孔子终于可以自豪地说自己"三十而立"了。

如何才算立？两个指标：一，社会的认可；二，自身的境界。

孔子三十而立，社会认可的标志性事件是，参与会见来访的近邻大国——齐国国君齐景公及其名臣晏婴。

孔子二十七岁时，小小的郯国的国君来访，孔子还不能参与接见。所以，那时的孔子，还不能叫立起来。

现在，宴会上，齐景公对身处西方边蛮之地的秦国在秦穆公时代突然强大起来很疑惑，于是，他请教精通历史的孔子。孔子举了秦穆公将原虞国大夫、后沦为晋献公姐姐家奴的百里奚赎回，封为大夫的例子，说明，像秦穆公这样思贤若渴，又能不拘一格提拔人才，还能毫无戒备地重用人才的君主，就是称王也是可能的，现在仅仅称霸，还是小的。孔子侃侃而谈，言之有物，言之有据，言之成理，齐景公颇为赞赏。

然而，孔子的"立"，主要体现在他自身精神境界的建立。通过长期不断的学习、求索、思考，他建立了自己的价值观。这才是他"三十而立"真正所指。

创办私学

值得注意的是，孔子也在此时，辞去了在季氏家的职务，创办了"私学"。

其实，如果孔子意在做官，那么，已经有十年官场资历的他，有政绩，有才干，有学问，再加上温良恭俭让的性格，他的官场前程一定辉煌灿烂。

但是，他毫不犹豫地就辞去了这一切，并且，一直到五十岁以后，才在特殊的政治环境下重回官场。

所以，孔子不是一般人认为的一心想做官的人。

那么，还有一个问题是，如果仅仅是传授知识，孔子早在二十岁就已经完全够格当一名老师。为什么孔子在经过了十年之后，才下定决心创办私学？

他自己曾经说过:"温故而知新,可以为师矣。"①

我们一般人理解,掌握了知识,并能把它传授给学生,就可以做老师。但在孔子看来,这不够,这还只是"温故"。

真正的好老师,不仅要有知识,而且还要有头脑,有眼光,对人间是非、善恶美丑有价值判断力。他教给学生的,不仅是已有的知识,还要教学生能判断是非。有了思想的方法,有了判断是非的立足点——价值观,并以此去甄别、判断这个世界的是是非非,做出自己正确的选择,才算是"知新"。

只有既能温故,又能知新的人,才配做老师。

所以,二十岁的孔子只能算"温故",三十岁的孔子才能说"知新"。既能温故,又能知新——所以,孔子到三十岁开始做老师。

而只有"知新"的人——能根据正确的价值观对纷纭世事做判断的人,才是真正的"立"起来的人。否则,光有知识,只能算是立起来的"书橱"。

本来孔子在季氏家做家臣,甚至可以参加国家大典,担任助祭,是很有地位了。但是,既然他"志于学",随着学问的一天天精进,他必须全力以赴了。后来他的学生子夏说:"仕

---

① 《论语·为政》。

而优则学,学而优则仕。"①做官有了余力就去学习,学习有了余力才去做官。一个"学"字贯穿始终,而且摆在了比做官(仕)更重要的地位。此时的孔子,正是在学习需要更多的精力投入,与做官相矛盾时,毫不犹豫地弃官不做,创办了私学,以便自己的职业与自己的事业能够相容而不悖。

孔子创办私学,首先,解决了自己的经济来源。

孔子说:"自行束脩以上,吾未尝无诲焉。"②自己主动送来十条干肉作为薄礼——也就是后来的学费,他就给予相应的教诲。需要说明的是,孔子的学费并不是统一标准,"束"大概是最低标准,以照顾贫寒的学生。至于贵族子弟,以及像子贡这样的富有之人,就不是收学费了——他收的大概是赞助费。

第二,如上所说,孔子主持私学,与自己进一步探究学问,追求道义,相容而不悖。一边教书,一边读书,教学相长,大有益于自己学问的精进。

第三,私学是孔子找到的自己独特的人生道路。通过这条道路,他可以用自己的方式,介入政治,干预社会,推行主张,宣传思想,实现理想。也就是说,他找到了自我实现的最

---

① 《论语·子张》。
② 《论语·述而》。

好途径，职业和事业实现了最好的结合。

第四，他由此还可以保持人格的独立和精神的自由，不再受制于人。他不仅自己获得了自由，还培养了中国历史上第一批独立知识分子。独立知识分子的出现，是非常重要的一个事件，表明这个社会有了道义的阐释者、承担者和弘扬推广者。

在孔子之前，学校都是官办的，称之为官学。有周天子办的，也有诸侯办的，学生都是贵族子弟，学校教一些周礼、一些《诗经》，还有基本的从政能力，这叫官学。孔子是私人办学，所以叫私学。但两者并非仅仅是"公"、"私"两个字的区别。

那么，孔子创立的私学，究竟有什么独特之处？

大成之学

第一，孔子创办的私学，可以说是真正的"大学"。

"大学"这个词最早的来源，可以追溯到《礼记·大学》。《大学》一开头就讲：

> 大学之道，在明明德，在亲民，在止于至善。

大学学习的目的，是要弘扬一个人伟大高尚的德行。我们每一个人都有可能成为完人，每一个人内心都有美好的德行。

通过大学教育，可以把这种德行发挥出来，弘扬出来，培养出来，这叫明明德。这样的教育一旦普及至全国百姓，那人民的整体面貌就会焕然一新，所谓"亲民"，就是"新民"。什么叫"止于至善"？也就是止步于最高的善，而最高的善往往是无止境的。所以，大学的学习实际上是无止境的。

因此，"大学"不是指那些专门的教育机构，不是指那些专门的教育实体，它是指一种学问。这种学问的目的，简言之，就是"学大"，学着让人大起来。如果没有学着让自己大起来，那就是小人；如果学着让自己大起来了，那就是大人，就是君子。简单地说，大学就是大人之学，就是君子之学。它不是培养人的专业技能，甚至也不是灌输一些静态知识，它立足于培养人的价值观和价值判断力，让人学会对世界上纷纭复杂的事物做判断，同时培养人的高贵品性和气质，养成人的大眼光、大境界、大胸襟、大志向；不是为了就业，而是为了成人；不是为了一己谋生，而是要为天下人谋生，谋天下太平，争人类福祉！

可见，"大学"的内涵，至少不是我们今天讲的对于技术的学习，而是提高德行，是养成人格，然后改造社会，这才是大学的最根本含义。

第二，孔子私学的教学目的，简单地概括就是让人"成人"。这个"成"可以当动词讲,也可以当形容词讲。当动词讲,就是使你"成为"一个完善的人;当形容词讲,成就是完成、完美之意,大学的教育就是让你成为一个"完美"的人。

孔子曾经说,一个人如果仅仅有"文(外在的文采)"是不可以的,仅仅有"质(内在的品质)"也是不行的:

> 质胜文则野,文胜质则史。文质彬彬,然后君子。①

他认为:内在的品质胜过外在的文采,就会粗野;外在的文采胜过内在的品质,就会浮夸虚伪。文采和品质配合恰当,相得益彰,这样才能成为真正的君子。

文质彬彬是什么气质?就是大学教育出来的气质,一种气韵高雅的、趣味高尚的、光明磊落的气质!孔子办学的目标就是"成人",就是要让人成为文质彬彬的"君子"。

有教无类

第三,孔子私学教什么人?

在孔子之前,官学的生源很单纯,就是贵族子弟。

---

① 《论语·雍也》。

孔子的私学，生源却很复杂。《论语》里面有四个字：有教无类。这真是中国教育史上开天辟地的大事。

为什么这样说呢？首先从教育观念上讲，至少孔子承认，所有的人都有受教育的权利。在孔子之前，非贵族子弟是没有受教育权利的。其实这是一个基本人权，孔子为我们找回来了。同时，由于孔子的有教无类，让各个阶层的人、各种出身的人都来受教育，从而极大地提高了中华民族的整体文化水平，使中华民族从一个愚昧的时代进入文明的时代。

按照《史记》的说法，孔子的三千弟子里面，身通六艺学有所成的，有七十二或七十七位。孔子凭一个人的力量，教三千弟子，而且以一个人的力量培养出七十多位杰出人才，这种成功，从孔子到今天，没有一个人能跟他相比。

来看另一组数字，孔子所处的春秋后期，全国总人口有多少呢？按现在的人口学者的研究，差不多是一千万。孔子的学生有三千人，那也就是说，全中国范围之内，大约每三千三百三十三个人里面就有一位是孔子的学生。假如每一位学生又直接或者间接影响十个人的话，那么，在全国范围之内，每三百个人就有一个人受到过孔子的影响。这可以证明孔子的私学在整体上极大地提高了中华民族的文化水平，极大地提升了中华民族的文明程度。

而且孔子的这些弟子，后来做官的并不多，大多数还是做教师。也就是说，孔子作为一个文化的源头，通过他的七十七贤者，三千弟子，覆盖了当时整个中国。同时，他的伟大的教育理念和教育思想，影响中国几千年，直到今天，我们还在受他的影响。我们今天教育很多失误，恰恰是违背了他的教育理念。比如说，对于大学的理解，我们今天和孔子是不一样的。但问题是，孔子是对的，我们今天是错的或有严重缺陷的。

生源复杂是私学的一大特点，甚至是最体现私学革命性意义的特点。私学打破了贵族对文化教育的垄断，大批新兴的地主、商人、平民子弟进入私学。在《荀子·法行》中有个记载，说有一个叫南郭惠子的人问子贡说："子贡先生，你老师的门下怎么那么复杂，什么人都有啊？"子贡回答："我们老师啊，修养自身，等待求学者。想来的，不拒绝；想走的，不禁止。"①

孔子门下，确实什么人都有：穷的如颜回、原宪；富的如子贡、公西华；贵族子弟有孟懿子、南宫敬叔；贫贱人家的子弟，像子张是野人，子路是野人，颜涿聚也是野人。

这些不同阶层的人在一起读书讨论，就有很多观点的碰撞和交流了。如果人们的出身是一样的，家庭背景是一样的，

---

① 《荀子·法行》：南郭惠子问于子贡曰："夫子之门何其杂也？"子贡曰："君子正身以俟，欲来者不距，欲去者不止。且夫良医之门多病人，檃栝之侧多枉木，是以杂也。"

生活经历是一样的，利益诉求是一样的，怎么会有各种不同的观点和思想呢？但是假如一个班集体中，各种各样的人都有，各种生活经历的人都有，各种经济地位和政治地位的人都有，大家自由讨论的时候，这个班可能就吵翻天了。所以后来春秋战国时期出现了百家争鸣的局面，中国思想史上出现了大的解放，这跟孔子有关系，有孔子的功劳。

因材施教

第四，孔子私学怎么教？

宋代理学家朱熹在对孔子的教学经验做概括的时候，提出了"因材施教"的观点，"夫子教人，各因其材"[1]。孔子教育学生，根据学生不同的禀赋、性格给他们制订相应的教学方案，施以不同的教法，这就是"因材施教"。

在实际教学中，孔子对不同的人问的同一个问题，他确实给予过不同的解答。在《论语》里，有很多人问孔子，什么叫仁？他的回答是不同的；有很多人问孔子，什么叫孝？他的回答也是不同的；很多人问孔子，什么叫君子？孔子的回答依

---

[1] 朱熹《论语集注·先进篇》：子路问："闻斯行诸？"条注。

然是不同的；很多人问孔子，怎么样从事政治？回答还是不同的。并不是孔子这个人没有固定的观点，而是他能根据不同人的特点给予相适宜的回答。

孔子门下有两名个性迥异的学生，子路和冉求。

子曰："片言可以折狱者，其由也与！"子路无宿诺。①

仅凭一面之辞即可断案，大概只有仲由有这本事！孔子认为：子路很勇敢，但做事很莽撞，风风火火，不计后果。

可是冉求是什么性格呢？小心谨慎，察言观色，非常拘谨，做事情翻来覆去地考虑。

有一回，子路来问孔子："老师，我如果听到了一件正确的事，我是不是马上就可以去做？"孔子说："那怎么可以？你有父亲、兄长在，你至少要问问他们，怎么能自作主张呢？"

子路走了，冉求来了，问了同样的问题："老师，如果我看到一件正确的事情，我是不是马上就可以做？"孔子说："是啊，你既然觉得正确，就应该马上做，还犹豫什么！"

同样的问题，回答不同。一个年龄很小的学生公西华，在旁边听了，就问孔子："老师啊，刚才子路师兄来问，您告诉

---

① 《论语·颜渊》。

他不行，要听听父兄的意见；可是冉求师兄来问，您说就这样做，不要犹豫。我糊涂了，到底是怎么回事啊？"

孔子告诉他："冉求比较谦虚，比较退让，比较胆小，所以我要鼓励他；而子路恰恰相反，太莽撞，太冲动，所以我要抑制他一下。"①

这是讲具体的个人。实际上，同一个人不同的年龄，也有不同的教法。孔子曾说君子有三戒：

> 少之时，血气未定，戒之在色；及其壮也，血气方刚，戒之在斗；及其老也，血气既衰，戒之在得。②

可见，年龄不同，教法也不同。一个少年，血气还未定，心智和生理都不成熟，这个时候孔子告诉他，要洁身自好，不要贪迷于女色；到了壮年了，血气方刚，人生的事业也展开了，容易和别人发生竞争，容易和别人发生冲突，所以孔子告诫说不要斗，不要激化矛盾，要和谐；老年人血气衰弱，斗志也没有了，这个时候不要太贪心，应该享受自己的余生。孔子深察人性的弱点，并且了解这些弱点在不同生命阶段的表现。他深知生命脆弱，易受伤害；道德无瑕，易受污染，所以，要我们一戒二戒三

---

① 《论语·先进》：子路问："闻斯行诸？"子曰："有父兄在，如之何其闻斯行之？"冉有问："闻斯行诸？"子曰："闻斯行之。"公西华曰："由也问闻斯行诸，子曰有父兄在；求也问闻斯行诸，子曰闻斯行之。赤也惑，敢问。"子曰："求也退，故进之；由也兼人，故退之。"
② 《论语·季氏》。

戒，善待生命，勿过分耗损生命，更警惕无端浪掷生命。同时，要我们保持晚节。这就是他对人不同的年龄段有不同的教法。

不同的群体也有不同的教法。《论语·雍也》中孔子说：

> 中人以上，可以语上也；中人以下，不可以语上也。

人的材质有区别，基础有好差之分，悟性也有高低之别。基础好一点的人，可以多讲一点；基础差一点的，可能就要从最基本的东西开始。悟性高的人，可以讲深一点；悟性浅的，可能要从小事情上着手。孔子对教育的规律把握得非常准确。

孔子的上课，并非像我们今天这样一个班几十个人上课，他是让学生和他聊天，大家一起讨论，很随便，有时屋里有时户外。人数也不会多，"二三子"，三四人。这种"大鱼带小鱼"的场景，多么令人向往！

成人之美

如果说孔子是中国历史上第一个创办私学的人，这话不够准确，因为至少在孔子的同时代，也有人在办私学，只不过，没办好，还丢了命。我们来看看孔子的私学，和当时其他人的私学有何不同。

邓析在郑国办了一所法律培训学校，兼律师速成班。他自己就是一个名声赫赫、对法律问题很有研究并出版过法律学著作的律师。

《吕氏春秋·离谓》中记载：

> （邓析）与民之有狱者约，大狱一衣（上衣），小狱襦（短衣；短袄）。民之献衣襦而学讼者不可胜数。以非为是，以是为非。是非无度，而可与不可日变……

办学越是教技术、教专业，往往来学的人就越多，因为学了马上就能用。所以邓析的学校办得很红火。邓析自己常常帮别人打官司，他的律师费收得也有意思：大的案件，收一件上衣；小的案件，收一件短袄。结果很多老百姓带着衣服到他这儿交学费，请他教大家怎么去打官司。

但是，邓析办学"以非为是，以是为非，是非无度"，不讲原则，不讲法律精神。他把学生教得不正派了，他教学生打官司的技巧，却不教学生对法律的尊重，以及法律的精神。

《列子·力命》和现本《邓析子》中都说邓析"操两可之说，设无穷之辞"。什么叫"两可之说"呢？就是他想说这个人有罪他有办法，他想说这个人无罪他也有办法——他变成讼棍了。更糟糕的是，他把学生也教成玩弄法律的讼棍了。

《吕氏春秋·离谓》上记载了这么一件事：

一个富人掉到水里淹死了，被某人捞了上来。捞尸人一看是个有钱的主，要的报酬特别多，想趁机敲诈一把。富人的家人觉得要价太高，就不服气。怎么办？找邓析。邓析说："他捞上来的尸体，除了卖给你又不能卖给别人，别着急，等着。"

富家一听，有道理，就不着急，沉住气在家等。

捞尸人一看这家人怎么不要尸体了，也着急，也来找邓析。邓析说："这个尸体他到别的地方买不到，你别急，等着。"

这就叫"两可之说"。可这哪里是解决问题的办法呢？他给别人出的都是刁主意。他这种办法，最后教出来的，一定是刁民。

这样的没有原则、只有权术，玩弄聪明，操纵他人，结果，就是自己玩死了自己。《吕氏春秋·离谓》：

> 所欲胜因胜，所欲罪因罪。郑国大乱，民口喧哗。子产患之，于是杀邓析而戮之。

只要邓析愿意，有罪也能弄个无罪释放，无罪他也能让人把牢底坐穿。结果，就是搞乱了国家，邓析自己也触犯法律，触怒郑国执政，被杀了。不过，杀他的不是《吕氏春秋》所说的子产，子产那时早已死了，杀他的是继子产、子大叔而任郑国执政的姬驷歂（chuǎn）。

这一年，是鲁定公九年，孔子五十一岁，开始出任中都宰。孔子办了二十多年学，最后出来从政了。邓析办了多年学，最后送了命。

为什么会有这样的区别？一个成人之美，一个成人之恶。

什么叫成人之美？帮别人做好事。什么叫成人之恶？帮别人做坏事。①孔子还有一句话，叫"人之生也直，罔之生也幸而免"。②一个人的生存，依赖于他的正直，可是有那么多不正直的人为什么也活着呢？那是他很侥幸地避免了灾祸。

正直而合乎正道，是生门；邪曲而走上邪道，是死门。在生门中生，是常态；在死门中不死，是侥幸。所以做人要正派。当老师尤其这样，一定要教人走正道，一定要教人做正派人，这是底线。孔子还说："君子上达，小人下达。"③君子往上走，小人往下走。那么作为老师，也要教人"上达"，而不能教人"下达"。拿孔子的私学和邓析的私学做比较，孔子教人往上走，邓析教人往下走。所以邓析被杀了，邓析的这个学校烟消云散了。邓析培养出什么学生来了吗？无从知晓。孔子一生做出了伟大的事业，被称为中华民族的圣人。孔子的学生，也可谓是一代一代大师辈出，这就是走正道和走邪道的不同。

①《论语·颜渊》：子曰："君子成人之美，不成人之恶。小人反是。"
②《论语·雍也》。
③《论语·宪问》。

第二节

问学老子

孔子学生中有两个贵族子弟：仲孙何忌（孟懿子）和南宫敬叔。这两人的地位非常特殊，是鲁国最有名也最有权势的三大家族（三桓）中孟孙氏家族的两个同胞兄弟。

他们之所以拜于孔子门下，还要从他们的父亲孟僖子说起。鲁昭公七年，楚灵王造章华台落成，想请各国诸侯参加典礼。鲁昭公就去了，同时带了大夫孟僖子负责外交礼仪。可偏偏孟僖子不懂礼仪。途经郑国，郑简公在国都城门慰劳鲁昭公时，孟僖子竟不知如何答礼。到了楚国后，楚灵王在城郊举行郊劳礼欢迎鲁昭公时，孟僖子又不知如何应对。在楚国，甚至遭到对方戏弄。

要知道，鲁国的始封君是周公，周公是周礼的制订者。鲁昭公、孟僖子这一趟外交之旅，简直就是转着圈子丢老祖宗的人。好在孟僖子还有羞耻心，回国以后，下决心研究礼仪，向懂礼的人学习。谁懂礼，他就向谁学习。临终之际，他嘱咐自己的两个儿子说：

> 礼，人之干也。无礼，无以立。吾闻将有达者曰孔丘，圣人之后也……我若获没，必属说（南宫敬叔）与何忌（孟懿子）于夫子，使事之，而学礼焉，以定其位。①

于是，孟懿子与南宫敬叔师事仲尼。这一年是鲁昭公二十四年，孔子三十四岁，这两个小兄弟十三岁。弟兄二人同生于昭公十二年，可能是双胞胎。

孟僖子两个儿子的到来，还给孔子带来了一次很好的问学机会。

一车两马

孔子曾经到宋国去学习殷商之礼，曾经到郑国向子产学习，入鲁国的太庙做助祭，也能做到"每事问"。他在鲁国学的主要是周礼，但是周礼的大本营，首善之地，毕竟是在周王

---

① 司马迁《史记·孔子世家》。

朝的国都啊！此时的周王朝国都在洛邑，就是今天的洛阳附近。而且在那里，还有一个高人，谁呢？老子。

孔子早就想到洛邑向老子求教，可是距离太远，没有人赞助，他自己不能步行前去。现在有贵族来做弟子了，机会也就来了。他就跟南宫敬叔说："我想访问周，向老子请教，你能不能够跟国君说一说，让他支持一下？"南宫敬叔找到了鲁昭公，把孔子的意愿说了。鲁昭公当即决定给他一辆马车，两匹马，还给他派了一个人，除了一路上照顾孔子之外，兼做保镖，以确保出行安全。孔子另外还带了一个人，《史记》说带的就是南宫敬叔。现在有人提出不同的看法，说南宫敬叔当时才十三岁，不大可能，应该是另外一个学生。就这样，三个人出发到洛邑去了。

鲁昭公对孔子的确非常好，他在孔子人生的两个最关键的时刻，都帮了孔子。孔子二十岁生了儿子的时候，鲁昭公给他送了一条鲤鱼。现在，又给他支持，让他去周问道于老子。

鲁昭公的这两次相助，都是在孔子特别需要的时候，而且都有象征意味：

"一条鲤鱼"，象征着国家、政府对孔子身份、地位的肯定。由此奠定了孔子在鲁国的地位，并为他以后的发展铺平了道路，搭起了上升的阶梯。

"一乘车、两匹马、一竖子",象征着国家、政府对孔子创办的私学的肯定、承认和支持。孔子所办,虽为私学,却获得了公家的首肯。

更重要的是,孔子得到老子这样饱经风霜、阅历丰富的高人指点,对于他这么一个三十而立、雄心勃勃、血气方刚的年轻人来说,非常重要,非常及时。

鲁昭公实际上是一个很软弱的国君,他后来还被"三桓"赶出国,流亡在外七年,最后客死他邦。但死后被谥为昭。昭的意思就是明白人。我们看他帮助孔子,说明他在一些事情上还是很明白的。鲁昭公被"三桓"掣肘,实在是他人生的悲剧。而孔子对鲁昭公,一直心存感激。

把智慧藏起来

孔子到了周,见到了老子,向他学礼。

据说,孔子见老子,向他求教,大概是孔子先侃侃而谈,向老子展示了一下自己对于历史文化的见解。老子说:"你所说的那些人,他们的骨头都已经腐烂了,只是他们的言论还在罢了。君子如果时运好,得到明君的帮助,就可以出来做官,做一番事业;可是如果时运不济,没有明君,那就不妨随波逐流,一切听之于命运。"①

这是老子对孔子讲的第一句话。

这话对三十四岁的孔子而言,不啻是醍醐灌顶,又如同当头棒喝。此前的孔子,以孤贫之身锐意进取,不折不挠地向着既定目标前行。老子这样的话,一定是他以前没有想到的。

老子提醒他:知道进,还要学会退;知道勇,还要学会怯;知道直行,还要学会迂回;知道坚定,还要学会灵活……

孔子能够有今天,就是靠他那一股不屈不挠的精神。但是到了这个境界,就必须由老子这样的人,来给他讲生活这枚硬币的另一面。这种教导,对孔子来说是及时而又非常有益的。从此以后,孔子思想里面,可见诸多老子的痕迹。我们读《论语》,读着读着就会发现老子的影子。

《论语·泰伯》:

> 子曰:"天下有道则见,无道则隐。"

《论语·卫灵公》:

> 子曰:"君子哉蘧伯玉!邦有道则仕,邦无道则可卷而怀之。"

《论语·宪问》:

---

① 《史记·老子韩非列传》:孔子适周,将问礼于老子。老子曰:"子所言者,其人与骨皆已朽矣,独其言在耳。且君子得其时则驾,不得其时则蓬累而行。"

子曰:"邦有道,危言危行;邦无道,危行言孙。"

....

老子接着对孔子说:

"吾闻之,良贾深藏若虚,君子盛德,容貌若愚。"①

这句话里,有两个关键词:藏和愚。什么叫愚?愚就是藏。把智慧藏起来不就像愚了吗?所以孔子后来对颜回讲过一句话,就是:

子谓颜渊曰:"用之则行,舍之则藏,惟我与尔有是夫!"②

把智慧藏起来,把才华藏起来,把志向藏起来,把理想藏起来,韬光养晦,和光同尘。这是老子的道家智慧,孔子也有这种智慧。我们不能不说,这个跟老子有关。

不过,《老子》中"愚"字共出现三处三次,全是褒义词。《论语》里,"愚"字出现七处九次,基本上都是否定的贬义词,但是唯有一处两次,却是褒义词:

子曰:"宁武子,邦有道,则知;邦无道,则

---

① 《史记·老子韩非列传》。
② 《论语·述而》。

愚。其知可及也，其愚不可及也。"①

孔子说，卫国大夫宁武子这个人，在国家有道的时候，就聪明；当国家无道的时候，就愚笨。他那聪明，别人赶得上；他那装傻的功夫，别人可就赶不上了。

这个世界上，有一种聪明，就是愚笨；有一种愚笨，实际上是一种别人难以企及的聪明——愚不可及。显然，孔子对"愚"字的褒义用法，与老子有关。

最后，老子教导孔子：

> 去子之骄气与多欲，态色（傲慢之色）与淫志，是皆无益于子之身。吾所以告子，若是而已。②

戒除自己身上的骄气、傲气，戒除自己身上过多的欲望、过大的志向。欲望太多了不好，志向太大了不好。太骄傲了不好，太傲慢了不好，太锋芒毕露了不好。

句句都是针对孔子当时的状态和心态。我们可以从中想象到，三十而立的孔子，是何等意气风发、斗志昂扬！是何等志向远大、理想崇高！是何等意志坚定、自信自负……这都是年轻人的优点，没有这些，注定不会有所成就。但是，如果仅仅这样，而缺少适度的弹性、适度的退守、适度的淡泊，也不会

---

① 《论语·公冶长》。
② 《史记·老子韩非列传》。

成为大才。

一个人，二十来岁时如果不意气风发锐意进取，不会有出息。一个人，到了三十来岁，还只是意气风发而没有理性冷静的头脑，也不会有出息。

后来，孔子骨子里的从容淡定，何尝不是受老子的启发？老子提倡损之又损之道，孔子也一样赞成。

学做减法

有一天，孔子带着弟子到鲁桓公的庙里去参观，看到庙里有一个很奇怪的东西，倾斜在那里。孔子就问管庙的人："这是什么？"

管庙的人告诉孔子："这是宥（yòu）坐之器。"

什么叫宥坐之器？就是国君座位右边放的一个器具。我们都知道有座右铭，其实古代除了座右铭之外还有宥坐器。座右铭是通过文字来对我们进行提醒、告诫，宥坐器是通过这种器物的形象来对我们进行告诫。

当孔子得知这是宥坐之器后，就说："哦，既然是宥坐之器，那我知道，当它里面没有装水的时候，它是倾斜的；你把水装到一半，装到正中间的时候，它是端正的；装满的时候，它就倾覆了。"

孔子转身对弟子们说："试验一下，往里面装水。"

当水装到一半时，这个宥坐器果然端端正正地立了起来。

孔子说："再往里面装。"

水满的时候，宥坐之器果然一下子又倾倒了。

于是，孔子对弟子们说："小心啊，万物都是这样。一旦自满就一定要倾覆，一旦骄傲就一定要倒台。"

子路说："老师啊，既然这样，我们如何才能让人生完满，并保持完满而不倾覆呢？"

孔子说："你记住四句话：聪明睿智，守之以愚；功被天下，守之以让；勇力振世，守之以怯；富有四海，守之以谦。"

聪明要用愚笨来守；功劳要用谦让来守；勇敢要用畏怯来守；富有要用谦卑来守。

孔子说："这就是损之又损之道。"[1]

什么叫损？损，就是减损。孔子实际上在告诉我们，人生要学会做减法。我们总是想着往我们的人生中填充什么，务求填满，做加法；实际上人生更重要的是做减法。一个完满的人生，幸福的人生，不是看你有了什么，更多的是看你没有了什么。

---

[1]《荀子·宥坐》《孔子家语·三恕》。

一个人有了钱就幸福吗？有了权就幸福吗？这些东西有了未必就幸福。但是，有一些东西没有了，我们就会幸福。这东西就是浮躁、焦虑、贪欲、嗔怪，蝇头小利的竞争之念，种种庸俗人生的得失之忧。这些东西没有了，心里面达到一种平静，那可能真是幸福。所以我们说人生要学会做减法，这就是损之又损之道，这是道家告诉我们的，是老子告诉我们的，同时，也是孔子告诉我们的。

孔子性格中的弹性，与世周旋，何尝没有老子的影响？孟子至刚，庄子至柔，唯孔子至刚而至柔。其刚，乃自身气质；其柔，老子有以教之。

优秀更危险

孔子要回鲁国了，临走之前向老子辞别，老子给孔子送行，说："我听说有钱的人就给别人送财产，仁德的人就给别人送教导。我没钱，我就冒充一下仁德的人，送你几句话吧。"第一句话是：

> 聪明深察而近于死者，好议人者也。①

---

① 《史记·孔子世家》。

一个人很聪明，能明察秋毫，很好。可是老子说，聪明深察的人，往往比那些笨人更容易招来杀身之祸。为什么？他喜欢议论别人。为什么聪明人好议论人呢？因为他聪明，他明察秋毫，别人一点毛病，他就看见了，看见了就忍不住要说，说了就得罪人，这不就很危险吗？

第二句话是：

> 博辩广大危其身者，发人之恶者也。

一个人知识广博，能言善辩，胸襟开阔，知识丰富，很好。可是老子又说"危其身"，它会经常让你处在危险之中。为什么呢？因为这样的人，喜欢揭发别人的隐私啊。

可以说，孔子从十有五而志于学，到三十而立，在这一个过程里面，就是在让自己成为一个聪明深察、博辩广大的人。所以，老子对孔子临别赠言中的"聪明深察，博辩广大"八个字，讲的就是孔子。

人生需要有这么几个过程：首先要让自己聪明起来，接着就是要善于把这个聪明藏起来。三十岁以前，孔子让自己达到了"聪明深察，博辩广大"；到这个时候，老子告诉他，做到这一点很了不起，但是要注意它背后隐藏的危险。

紧接着老子又对孔子讲了第三句话：

> 为人子者毋以有己，为人臣者毋以有己。

不要太坚持自己。做儿子，要学会听父亲的；做臣子，要学会听国君的。

老子对孔子的这些教导，孔子后来也教导给了他的弟子。孔子弟子子贡，就特别聪明，特别善辩，也有"聪明深察好议人"的毛病。

> 子贡方人。子曰："赐也贤乎哉？夫我则不暇。"①

子贡喜欢批评别人。孔子说："你端木赐天天说这个人不好，那个人不好，你就那么好？我可没有时间盯住别人的弱点，我自己改正自己的弱点还来不及呢。"在孔子对子贡的教导里，我们是不是看到了老子的影子？所以，孔子要求我们修养自己，对别人私德上的缺点一般不做过分的批评。公德不好要批评，私德有缺要宽容。

老子是龙

比如孔子讲过这样的话："见贤思齐焉，见不贤而内自省也。"②看到比自己强的人应该想着跟他学；看到比自己差的人

---

① 《论语·宪问》。
② 《论语·里仁》。

不是去指责他，而是要赶紧反省自己：自己会不会也有这样的毛病？矛头对自己，不要对别人。

实际上，这还是老子的思想。老子说："善人者，不善人之师；不善人者，善人之资。"①善人是不善人的老师；不善人不是我们批评的对象，而是我们用来对照的镜子。在镜子中看到的，不是别人，而是我们自己。

孔子离开老子，回来的路上，学生问他："老师，您这次见了老子，觉得老子到底是个什么样的人啊？"

孔子说："天上的鸟会飞，地上的兽会跑，水中的鱼会游。飞的鸟，我知道怎么办，用箭射；游的鱼，我知道怎么办，用钩钓；跑的野兽，我也知道怎么办，用网抓。可是对老子，我真的没办法，因为他既不是天上的飞鸟，又不是地上的走兽，还不是水中的游鱼。他是什么呢？他是一条龙。"②

这就是孔子对老子的评价。

孔子在周，不仅见到了老子、苌弘，虚心受教，有一天他在周始祖后稷的庙中还见到一个金人，也让他大为感慨。

---

① 《老子·二十七章》。
② 《史记·老子韩非列传》：孔子去，谓弟子曰："鸟，吾知其能飞；鱼，吾知其能游；兽，吾知其能走。走者可以为罔，游者可以为纶，飞者可以为矰。至于龙，吾不能知其乘风云而上天。吾今日见老子，其犹龙邪！"

他们看见庙堂右边的台阶前有铜铸的人像，嘴巴被封了三层。铜人的背上刻着："这是古代言语谨慎的人。警戒啊！不要多说话，多说话就多招致失败；不要多生事，多生事就会招致更多的祸患。"①

孔子从洛邑学成归来后，有什么样的变化呢？司马迁在《孔子世家》中说："弟子稍益进焉。"就是说孔子的私学办得更好了，来求学的人更多了。也说明孔子的学问又提高了，境界又提升了，名声更响亮了，私学的规模更大了。

可是，不久鲁国就发生了一件大事。这件大事直接跟孔子特别感激的人鲁昭公有关。刚刚看过三缄其口金人的孔子，却并没有沉默。

---

① 《孔子家语·观周》：孔子观周，遂入太祖后稷之庙，庙堂右阶之前，有金人焉，三缄其口，而铭其背曰："古之慎言人也，戒之哉。无多言，多言多败。无多事，多事多患。"

第三节

是可忍孰不可忍

鲁昭公二十五年,孔子三十五岁,鲁国发生了"八佾(yì)舞于庭"事件,鲁昭公被迫流亡国外,这也直接导致才从洛邑回国不久的孔子,也愤然离开了鲁国。

一国之君怎么会流亡呢?一般都是国君流放他人,或驱逐他人出境,怎么还有国君被他人逼迫而流亡的呢?

螳螂捕蝉

其实,鲁国的政治非常奇怪,鲁国国君的权力极少,甚至可以说鲁国的国君实际上没有什么权力。

这要从鲁国的第十五任国君鲁桓公姬允说起。鲁桓公有四个儿子,长子姬同是嫡子,在桓公去世后,继承国君宝座,成了鲁庄公。次子、三子、四子都是庶子,只能担任政府的高级官员。因为姬允死后被尊谥为桓公,他的三位庶子,就被称为"三桓"。"三桓"的后裔后来分别改姓:次子姬庆父的后裔改姓仲孙(有时候也称孟孙或孟),三子姬牙的后裔改姓叔孙,四子姬友的后裔改姓季孙。

鲁国自鲁庄公去世后,为争夺继承权,发生了"庆父之乱",最后导致三大家族轮流掌握政权,世代相传,开始了鲁国著名的长达四百年之久的"三桓政治"。"三桓"从国君手中夺取到政权和广大土地的所有权,并在自己的封地上建筑都城。我们后面要讲到孔子"堕(huī)三都",这三都,就是他们构筑的近乎于割据的据点。鲁国国君于是跟东周王朝的天子一样,逐渐被冷落在一旁。

孔子在鲁国的时候,对这一点感受非常深刻。他历来反对大夫把国君的权力据为己有。大夫应该尊崇诸侯,诸侯应当尊崇周天子,只有这样的政治秩序才正常。所以孔子一直和鲁国的"三桓"关系不好。客观地讲,"三桓"对孔子倒是一直比较尊敬的,但是孔子对"三桓",却一直不满意。问题在于鲁国的大权掌握在"三桓"手里,而孔子又坚决捍卫周王朝礼乐制度和政治秩序,坚决要强公室、弱"三桓"的,这也就决定了孔子在鲁国不可能得到政治上的最终成功。孔子有一段很有名的话:

天下有道,礼乐征伐自天子出;天下无道,礼乐征伐自诸侯出。①

意思是天下有道,政治秩序比较正常的时候,礼乐(即祭祀会盟等)、军事征伐之类的事情,都是由天子来决定的;但是在天下无道,政治秩序混乱的时候,这样的大事往往就由诸侯来决定了。

我们看《左传》或《战国策》,春秋战国时期的战争,大都是诸侯自己发动的,而不是周天子发动的。这说明当时整个天下的政治秩序早已混乱不堪。

其实,当诸侯无视周天子、自行其是的时候,诸侯自己的地位也并不能得到保证,因为诸侯的后面还有大夫。比如鲁国国君不听周天子的,鲁国的大夫三桓:季氏、孟孙氏和叔孙氏,也不听他鲁国国君的。而且,难道这些大夫就一定是最终掌权的人吗?也不是。大夫手下还有家臣,就是所谓的陪臣。比如,季氏手下那个叫阳货的家臣,他也不听季氏的。发展到

---

① 《论语·季氏》。

后来，阳货甚至挟持季氏，让他和自己签订盟约，将权力交给自己，从而实际掌握了鲁国大权，使鲁国出现了陪臣执国命的荒唐政治。

这种一级觊觎一级的态势，很像是庄子的一个寓言：螳螂捕蝉，黄雀在后。这样，整个的政治次序就倒过来了：本来是从周天子到诸侯，诸侯到大夫，大夫到家臣，家臣是最低的一个行政级别。但是现在，倒过来了，家臣控制了大夫，大夫控制了诸侯，诸侯控制了周天子。孔子觉得，这样的社会是无道的。对这样无道的社会，他当然是不满意的。

因此，孔子在讲到鲁国政治的时候，曾经很伤感。他说："国家政权离开鲁国的国君已经五代了，大夫"三桓"掌权也已经有四代了，现在"三桓"的子孙也已经衰微了。"①

从公元前609年，鲁文公去世，大夫襄仲杀死嫡长子赤，擅自立了宣公，到孔子说这话的时候，也就是鲁定公的时候，正好是五代。从季氏开始掌权，经过了鲁成公、鲁襄公、鲁昭公和鲁定公，也已经有四代了，鲁国的公室早已衰落了。而且季氏的大权又落到阳货的家里去了，所以"三桓"的子孙也衰落了。

从木金父开始算起到孔子，孔氏家族在鲁国也已经生活了

---

① 《论语·季氏》：孔子曰："禄之去公室五世矣，政逮于大夫四世矣，故夫三桓之子孙微矣。"。

六代人，早已把鲁国这个礼仪之邦当做了自己的祖国，所以孔子对鲁国的感情是双重的。对鲁国的衰落，他非常伤感。

八佾舞于庭

但是，还有一件更让孔子感伤的事情在后头。

鲁昭公二十五年，鲁昭公要祭祖。每一年，国君都要举行一次祭祖活动。按说国君在祭祖的时候，大夫要把自己祭祖的时间错开。因为国君祭祖时，大夫是要参加的。但是鲁国的权力在季氏手里，季氏根本不把国君放在眼里。所以这边鲁昭公在祭祖，季氏也在家里祭祖。他不仅不参加鲁昭公的祭祖仪式，而且还把鲁昭公祭祖时要用的乐舞队调到他家里去了。

讲到这里，要稍微说明一下周王朝的文化。我们把它称为礼乐文化，礼和乐是不分开的。祭祖时其中有一个音乐仪式，乐队要跳一种舞，叫万舞。这个舞蹈是礼仪中必不可少的环节。但是舞蹈的规模，是根据不同的级别有严格规定的。天子的级别是所谓的八佾。什么叫八佾？八行八列，六十四个人的乐舞队。到诸侯降一级，减少二佾，就变成六佾，六八四十八个人。到了大夫再减为四佾，四八三十二个人。然后到了家臣，比如说阳货，包括孔子这样的士，如果在家里举行祭祖仪式，人数再减一半，就变成二佾，二八十六个人。这是周礼规定的。

但在鲁昭公祭祖，举行万舞仪式的时候，他把乐队招来，发现只剩下二佾，十六个人了！周礼规定诸侯不是六佾吗？应该是四十八个人啊，还有那四佾哪儿去了呢？原来被季平子调到他家里去了。季平子家按规定本来有四佾，现在加上鲁昭公公室这四佾，变成了八佾，而八佾可是周天子的规格啊。所以季平子这件事情做得实在是太不像话：第一，他一个大夫，竟然用周天子的礼仪来祭自己的祖先，这是严重违背周礼的行为；其次，他不仅自己越礼了，还把鲁国公室的乐舞队调走了，让鲁昭公一国之君，没办法举行祭祖的仪式。可见此人多么猖狂跋扈。

不仅如此。周天子祭祀宗庙的仪式举行完毕后，在撤去祭品收拾礼器的时候，要专门唱一首歌，这首歌叫《雍》。歌中有这么两句："相维辟公，天子穆穆。"意思是天子庄严又肃穆，各路诸侯来助祭。

可是，身为大夫，季平子在自己家里祭祖时，竟也唱这样的歌。歌唱道：天子庄严又肃穆，各路诸侯来助祭。可他季平子是天子吗？他季平子手下那几个家臣，几个小喽啰，是诸侯吗？不合礼又不和谐，不和谐而又一本正经，煞有介事，便很滑稽。所以孔子觉得是又好气又好笑：这样的场面，哪里是一个大夫家里能够摆得出来的呢。①

面对季氏的屡屡觊觎违礼，如今又演出一幕"八佾舞于庭"的丑剧，孔子觉得这令人可恨，令人发指了。对此他说了一句很有名的话：

八佾舞于庭，是可忍也，孰不可忍也？②

季平子用天子八佾的乐舞队在家里祭祖，这种事情他都干得出来，还有什么事情干不出来？这种事情如果我们还能忍，我们还有什么不能忍？

问题在于，孔子忍无可忍也就算了，他当时没做官，不过是个普通的学者，发发牢骚，批评批评。可这个时候最忍无可忍的是谁呢？是鲁昭公啊。鲁昭公太气愤了，他太没有面子了：一国之君祭祖的时候冷冷清清，连个万舞都跳不出来，而大夫的家里面锣鼓喧天，声势浩大。他受不了，觉得很丢人，恼羞成怒，结果就带着军队，去攻打季平子。所以孔子讲"是可忍也，孰不可忍也"，既是讲自己不能忍，同时也是对鲁昭公的不可忍表示理解。

但是，战争的结局却非常出人意料。

---

① 《论语·八佾》：三家者以《雍》彻，子曰："'相维辟公，天子穆穆'，奚取于三家之堂？"
② 《论语·八佾》。

国君被流放

鲁昭公带着军队去攻打季平子时,季平子早就有所防备。他凭借一座高台据险抵抗,决不投降,并和鲁昭公讨价还价。

季平子说:"现在你来攻打我,我到底有什么罪?我希望你能够让我到沂水的旁边,呆下来,然后你慢慢去调查,等你查证了我的罪行以后,我们再谈。"

鲁昭公当然不答应,叫他的军队继续往上攻。季平子又提出了第二个方案:"你把我囚禁到费邑,然后等待调查。"

鲁昭公也不能答应,因为费邑是他季氏的家邑,季平子派了自己得力的家臣在那里守卫,有又高又非常坚固的城墙,把他监禁到那里,这不等于放虎归山吗?

鲁昭公已经狠下决心,一定要置季氏于死地。

季平子不得已,提出了第三个方案:"你给我五辆车,让我流亡到国外去。"

按理说,季平子只是专权,并没有想篡位,更没有杀鲁昭公的想法。他现在这样专横霸道,也是这个家族由来已久的习惯性做法,至少他罪不至死。所以,剥夺他的权力,甚至让他流亡国外,应该是比较好的结果。季平子一旦流亡国外,鲁昭公就有机会把国君的权力收回了。同时,专权的季平子若有如此下场，也是对孟孙氏、叔孙氏的极大震慑。

所以前面两个条件鲁昭公不答应是对的，这最后一个条件鲁昭公不答应是完全错误的，这只能逼着季平子顽抗到底。

实际上，当时鲁昭公手下有个叫子家羁的人，他很明白季平子在鲁国执政多年，总有一些党羽，总有群众基础。而且除了季氏以外，还有孟孙氏、叔孙氏呢，这两家是什么态度？这两家一旦明白过来，支持了季氏，那鲁昭公就没法收场了。于是他劝鲁昭公赶紧答应，不然一到天黑，结局还真难说。

可能是鲁昭公受够了窝囊气，"是可忍，孰不可忍"，坚决不答应。

在鲁昭公身边还有个叫郈昭伯的人，这个人和季氏有私人恩怨，他对鲁昭公说，我们决不撤兵，一定要把他杀了。

但最后，季平子不但没有被杀掉，失败的还是鲁昭公。因为"三桓"中的另外两家，叔孙氏和孟孙氏认识到，如果季氏家族没了，那叔孙氏、孟孙氏家族也就没有了。于是，这两家在最后关头，果断出兵，帮助季平子，打败了鲁昭公。

失败了的鲁昭公，不愿意再在鲁国做这样窝窝囊囊的国君，他选择了流亡。①

---

① 《左传·昭公二十五年》。

孔子生气了

面对鲁国如此混乱的局面，孔子又该如何选择？

在他十七岁的时候，季氏宴请全国的士，他被拒之门外。二十岁的时候，经过自己的努力，终于可以在季氏手下任职。在季氏支持下，他从小官做起，最后可以从事较高层次的祭祀相礼之类的工作，甚至可以参与接待外宾。

季氏对孔子不薄。

而鲁昭公，曾经在孔子二十岁得子的时候，派使者专程送来一条大鲤鱼表示祝贺。也正是在鲁昭公的资助下，孔子才得以赴洛邑向老子问学。

孔子内心深处当然也对鲁昭公充满感激。

这两个人都待孔子不错，都有提携之力，而且，从功利的角度看，此时志得意满的季平子，孔子也是绝对不能得罪的。

但是孔子毫不犹豫地站到了当时处于绝对劣势的鲁昭公一边，发出了"是可忍也，孰不可忍也"的愤慨之言。

就这样，年轻的孔子，不惜牺牲自己未来的政治前途，坚定地站在失败者一边，给予他道义上和舆论上的支持，并坚决地反对专断弄权的"三桓"势力。这对一直受气、最终被赶出国门的鲁昭公来说,是一个极大的精神安慰。

从这件事上看,孔子不仅是个知恩图报之人,而且是一个有原则并愿意为原则牺牲自己的人。孔子一生渴望恢复的是周王朝的礼乐文化,他坚决反对乱臣贼子专权,坚决支持公室之权归国君所有。

后来,鲁昭公去世后,季平子记恨旧仇,把鲁昭公葬在鲁国国君墓地的南边,用一条大路把鲁昭公的墓和道北的鲁国历代国君墓地分开。这就等于把鲁昭公逐出了国君的行列。

此时,孔子无权无势,当然无法反对。

等到孔子做了鲁国的小司空,掌管水土工程时,季平子也死了,季平子的儿子季桓子当政。孔子就对季桓子说:"当初您的父亲把鲁昭公的墓用一条大路与道北的鲁国历代国君墓分开。这样做,确实是贬低了国君,却不也彰显了自己的不臣之罪吗?这样做,不合乎礼。如果您同意,我就在鲁昭公墓的南边再挖一条沟,把它框进来,与其他国君墓地合为一体。这样可以帮您父亲遮掩他曾经的不臣之罪。"[1]

孔子这样说,季桓子没有不同意的道理。鲁昭公若地下有知,当会感激孔子吧。

---

[1]《孔子家语·相鲁》:先时,季氏葬昭公于墓道之南,孔子沟而合诸墓焉,谓季桓子曰:"贬君以彰己罪,非礼也。今合之,所以掩夫子之不臣。"

鲁昭公在国外流亡了整整七年，先到齐国，后到晋国，最后客死晋国。在这七年里，鲁国没有立新国君。执政的就是季平子，鲁国的大权完全落在季氏为代表的"三桓"手里。鲁昭公死了以后，"三桓"重新立新国君时，因为记恨鲁昭公，排除了鲁昭公的儿子，而是立了鲁昭公的兄弟公子宋，即鲁定公。这是后话了。

在"八佾舞于庭"事件后，在鲁昭公流亡之后，在道出"是可忍也，孰不可忍"之后，孔子又该怎么办呢？国君没有了，国家的大权在季平子手里，他最反对的、最不愿意看到的政治局面出现了，他再也不愿意在如此混乱的鲁国待下去了。于是在鲁昭公流亡不久，孔子也带着一些学生离开了鲁国，去了相邻的齐国。

第四节

苛政猛于虎

在鲁昭公流亡齐国后不久,孔子也到了齐国。

为什么是去齐国呢?一来和鲁昭公取同样的去向,可以彼此有一个心理上的安慰;二来他和齐国的国君齐景公、宰相晏婴相识,彼此印象应该还不错。

三代人都喂了虎

没想到,孔子一进入齐国,就产生了很不好的印象。这个东方大国,对外虎视眈眈,对内却比老虎还要厉害。齐国,简直就是虎穴龙潭！而齐国的百姓，几乎就是虎口余生。

在经过泰山脚下时，孔子碰到了一件令他很生感慨的事：

有个妇人在坟墓旁哭得很悲伤。孔子扶着车前的扶手听着，派子路问她："你这样哭，真好像不止一次遭遇到不幸了。"她回答说："是啊！以前我的公公死在老虎口中，后来我丈夫也被老虎咬死了，今天，我儿子又被老虎咬死了！"孔子说："虎患这么严重，你们为什么不离开这里呢？"妇人回答说："这儿没有苛酷的政治啊。"孔子回头，叹息着告诉弟子们说："小子们记着，苛酷的政治比老虎还厉害啊！"[1]

一家三代都被老虎吃了，却舍不得离开这个"无苛政"的地方。这样的人间惨剧，谁不为之悲伤？这是孔子进入齐国以后所碰到的第一件事。我们想一想，孔子对齐国的政治会产生什么样的印象？齐国的老百姓宁愿选择与老虎为邻，也不愿意选择齐国的政治，也不愿意选择齐国的君臣，齐国当时的各级官员、各级官僚比老虎还要可怕啊。这也正如后来孟子对梁惠王说的，残暴的统治者，就是"率兽食人"[2]的兽王啊！

---

[1] 《礼记·檀弓下》：孔子过泰山侧，有妇人哭于墓者而哀。夫子式而听之，使子路问之曰："子之哭也，壹似重有忧者。"而曰："然。昔者吾舅死于虎，吾夫又死焉，今吾子又死焉。"夫子曰："何为不去也？"曰："无苛政。"夫子曰："小子识之，苛政猛于虎也！"

[2] 《孟子·滕文公下》："庖有肥肉，厩有肥马；民有饥色，野有饿莩，此率兽而食人也。"

满街人都没了脚

从三十五岁到三十七岁（大约是在鲁昭公二十五年年底到鲁昭公二十七年春，一年半左右时间），孔子在齐国。这期间，孔子主要和齐景公、晏子打交道。如前所述，孔子一进齐国，就领教了齐国猛于虎的苛政。当他深入齐国上层，了解了齐景公以后，他对这位近邻的大国国君的印象，就更是一落千丈了。

我们先从几件事情来看看齐景公究竟是个怎样的国君。

有一年冬季，天下暴雪，三日不停，百姓饥寒交迫。齐景公却穿着狐狸腋下的白毛制成的轻暖皮衣，暖洋洋地坐在堂前，观赏着外面的漫天大雪。他很奇怪：为什么下这样大的雪，却感觉不到天气的寒冷呢？

晏子来了，他就对晏子说："奇怪啊，大雪三天却天气不寒。"

晏子没好气，反问："天不寒吗？"

齐景公傻笑。

晏子说："我听说，古代的贤君，饱而知人之饥，温而知人之寒，逸而知人之劳。现在，您不知道呢。"[1]言下之意，那你

---

[1]《晏子春秋·内篇谏上》。

是什么？暴君！

晏子是齐景公手下的老臣，所以齐景公对晏子还是挺尊重的。晏子的家住在市场附近，房子很小，又很嘈杂。齐景公出于对老臣的关心，跟晏子说："你房子又小，又住在市场的附近，那么吵闹，不安静，你还是搬到贵族住的地方吧。"

晏子说："不行啊，我家里穷，离市场近一点，买菜方便，还能买到便宜菜呢。"

齐景公觉得很好笑，说："你是齐国的大夫，是国相，不至于要到市场捡便宜菜吧？"

又跟晏子开玩笑说："你既然住得离市场那么近，你对市场行情了解吗？"

晏子说："我当然了解啊。"

齐景公说："那你说一说，市场有什么行情啊？"

晏子说："市场的行情啊，踊贵而屦（jù）贱。"

什么叫踊贵而屦贱？踊是被砍了脚，受过刖（yuè）刑的人穿的一种特制的鞋子。正常人穿的鞋子叫屦。晏子告诉齐景公：现在齐国市场是踊很贵，屦很贱。正常人穿的鞋子卖得很便宜，为砍掉脚的人特制的鞋子卖得很贵。

齐景公奇怪，说："为什么？"

晏子说："因为现在砍掉脚的人比有脚的人还多嘛。"

齐景公一听，自己都觉得不好意思："我这么残暴吗？"

晏子冷笑。①

齐景公弄得那么多齐国老百姓不能穿鞋而只能穿踊，那么他自己穿什么鞋子？他从鲁国请来一个鞋匠，为他特制一双鞋子。这双特制的鞋非常漂亮，鞋带是用黄金做的，用白银镶边，再缀上珠宝，用美玉装饰鞋头，鞋的长度足有一尺。穿上了，他就不能走动了。但齐景公却觉得这双特制的鞋够派头。一个冷天的早晨，他穿着这双特制的鞋上朝处理政事。宰相晏婴来了，齐景公想起身去迎接。他站起来了，但迈不开步子。晏子看到齐景公穿这双绝世无双的鞋子，问："这双鞋是谁为君侯制作的？"

齐景公说："一个从鲁国请来的鞋匠。"

晏子说："他该死！"

齐景公说："他该奖！"

晏子给齐景公分析鲁国鞋匠有三大罪状："不知道季节的寒暖变化，不知道脚的承受能力，这是他的第一大罪状；做出这双不伦不类的鞋，使我们的君侯受到天下各国的嘲笑，是他的第二大罪状；耗费钱财，对国家没有功效，招致老百姓的怨

---

① 《韩非子·难二》。

恨，是他的第三大罪状。臣请求主上立即下令，把他逮捕，交给司法官员按罪论处！"

这个齐景公也有忠厚的一面，说："寡人真的不明白他究竟错在哪里，这鞋是寡人让他做的，你要处罚就处罚寡人吧，但请相父饶了那个无辜的鞋匠。"

晏子坚持说："不可以。我听说，为做善事而使自身受苦的人，他应该受重赏；为做坏事而使自身受苦的人，他的罪恶更重。"

齐景公无话可说。晏子立刻命令将鲁国的鞋匠逮捕，派人把他押解出境，永远不准他再进入齐国。从此，齐景公脱下了这双鞋，再也不穿它了。①

声色狗马

了解了这些，我们才能理解《史记·孔子世家》里的记载：

（齐景公）他日，又复问政于孔子，孔子曰："政在节财。"景公说，将欲以尼豁（xī）田封孔子。

孔子为什么要告诫齐景公节财呢？因为齐景公是个奢靡之

---

①《晏子春秋·内篇谏下》。

人。景公是否如司马迁记载的那样，听了孔子劝他节财的话，"悦"了呢？很难说。至少，"悦"了以后，并没有改。

据历史记载，齐景公"好治官室，聚狗马，奢侈，厚赋重刑"。①他喜欢修建宫殿，喜欢聚养狗聚养马，生活奢华浪费。钱不够，就向老百姓加赋加税盘剥。征收赋税很多，刑罚也很重。老百姓交不起赋税怎么办？就用严刑酷法。

齐景公养了一条狗，狗死了以后他要给它做棺材。古代葬狗，一般是用车盖把狗包起来埋葬。齐景公竟然用棺材来葬狗。

好在他狗养得不多，马可是养了很多。他特别喜欢马，《论语·季氏》上面记载："齐景公有马千驷。"千驷就是四千匹马。他宫中有专门给他养马的人。有一回，一匹他特别喜欢的马死了，他就要把养马人给杀了，还要把他肢解掉！行刑队来了，晏子正好碰见。晏子说："你们等一下，我来问一下我们伟大的国君，您告诉我，尧和舜的时代，肢解人是从人的身体哪个地方先开始动刀子的？"

齐景公顿时就明白了：尧舜的时代从来都不肢解人，肢解人只有残暴的人才会干。最终，他放了养马人。②

① 《史记·齐太公世家》。
② 《晏子春秋·内篇谏上》。

但就是这样一个爱马的齐景公，临死时，却要让那些马为他殉葬。

齐景公的殉马坑现在已经被发现，它位于齐国故城东北部，今临淄区齐都镇河崖头村，殉马数量在六百匹以上。

齐景公这是爱马吗？这是爱他自己。

齐景公为政时间极长，长达五十八年。可是，这位国君越老越怕死，竟然幻想再活五百年。有一天他和晏子、艾孔、梁丘据，君臣四人在临淄城外的牛山上游玩，齐景公站在山上，看着下面的城池，突然哭了，说："城池繁华，人世美好，可是我为什么要死呢？"艾孔和梁丘据一看国君哭，也假装哭。

晏子在后面冷笑。齐景公很生气。对晏子说："我很伤心才哭，他们两个陪着我哭，你在旁边冷笑，你什么意思啊？"

晏子说："国君啊，人如果都不死，哪能轮到您呢？您现在坐上宝座了，您不想腾出来了，您不是不仁吗？我为什么笑啊？我今天看到一个不仁的国君，还看到两个阿谀奉承的大臣，我身边有三个可笑的人，我怎么能不笑呢？"[1]

---

[1]《晏子春秋·内篇谏上》。

君臣父子

孔子在齐国碰到的就是这样的国君。他在齐国会不会有所作为？齐景公会不会给孔子机会，让他从政，施展才华呢？

齐景公曾经问孔子，什么样的政治才是最好的政治？孔子告诉他八个字：

> 君君臣臣，父父子子。①

这八个字的意思就是，做国君的要像国君的样子，做大臣的要像大臣的样子；做父亲的要有父亲的慈爱，做子女的要有子女的孝顺。每个人都应该尽到自己的人生职责。而且，孔子一直认为，在上者应该先尽义务，所以，他在说责任时，把君放在前，臣放在后；把父放在前，子放在后。这里面包含的逻辑就是：国君必须先做得像国君，然后才能要求臣子尽忠；父亲首先必须尽到父亲的责任，然后才能要求子女尽孝。

孔子和孟子伟大的地方，就在于他们不强调弱者的道德，而是强调强者的道德。执政者先做到，才能要求人民做到；在上面的人做到了，才能要求下面的人做到。

---

① 《论语·颜渊》：齐景公问政于孔子。孔子对曰："君君臣臣，父父子子。"公曰："善哉！信如君不君、臣不臣、父不父、子不子，虽有粟，吾得而食诸？"

齐景公一听孔子说"君君臣臣，父父子子"，很高兴，但是他是从对他有利的一面去理解的。他不看君君，就看臣臣；不看父父，只看子子。他说：你讲得太好了。如果这些做臣子的不像臣子，那我们齐国哪怕有再多好吃的，我也吃不到嘴里去呀！

齐景公喜欢声色犬马，生活奢靡，经常胡作非为。所以，孔子觉得这个国君做得实在不像国君的样子，缺少国君应有的庄重、威严，缺少国君应有的道德品质。孔子讲这话，显然是耳闻目睹了齐景公的所作所为之后，在明确地告诫齐景公。但是，齐景公只想到让别人好好做臣子，自己这个国君做得怎样，他倒毫不介意。

风吹草动

孔子还有一个"七教"理论。见于《孔子家语·王言解》：

孔子曰："上敬老则下益孝，上尊齿则下益悌，上乐施则下益宽，上亲贤则下择友，上好德则下不隐，上恶贪则下耻争，上廉让则下耻节，此之谓七教。七教者，治民之本也。"

意思就是说：上面的敬老，下面的才孝；上面的尊长，下面的才悌；上面的散财乐施，下面的才宽厚待人；上面的亲近贤才,下面的才选择良友;上面的爱好德行,下面的才不隐瞒实情;上面的厌恶贪腐,下面的才耻于争夺;上面的廉洁谦让,下面的才讲究节操。一切都取决于处于上位之人!

孔子接着说:

> 凡上者,民之表也,表正则何物不正?是故人君先立仁于己,然后大夫忠而士信,民敦俗璞,男悫(què)而女贞,六者,教之致也。

上面的人是人民的表率啊!下面好不好,全看上面正不正!

孔子晚年时,季康子曾经问他一个问题:"我如果把那些无道的人杀了,然后逼着百姓去走正道,怎么样?"

孔子的回答是:"子为政,焉用杀?"

你搞政治,怎么会用得着杀人这种手段呢?"子欲善,而民善矣。"你自己如果做得善,老百姓就会善。

接下来,孔子说出了一个流传千古的名言:

> 君子之德风,小人之德草。草上之风,必偃。①

君子的道德就像风一样,人民的道德就像草一样,风往哪个方向吹,草就往哪个方向倒。所以草往哪个方向倒,责任不在草,而在于风。

---

① 《论语·颜渊》。

一个国家、一个社会的道德水准怎么样，道德水平如何，道德风气如何，责任不在人民，在于统治阶级。

又有一次，季康子觉得鲁国强盗很多，很忧虑，就问孔子怎么办。孔子的回答是："苟子之不欲，虽赏之不窃。"①

为什么有那么多强盗？是因为你自己骨子里也是这种人！你更贪婪！你是侵夺他人、侵夺国家的大盗！假如哪一天你自己不强占人民的财产了，那么人民也就自然会变好了，责任还在你身上，不在人民身上。

和谁讲道德

孔子曾经讲过一句话，非常好，可是我们一般的理解都错了，或者是理解得很肤浅。哪一句话呢？

*君子喻于义，小人喻于利。*②

一般人怎么理解的呢？君子讲义，小人讲利。好像这句话是孔子对君子的表扬，对小人的批评。甚至作为一种标签：讲利的都是小人，讲义的才是君子。

实际上，孔子的原话不是这个意思。首先，"君子"在这

---

① 《论语·颜渊》。
② 《论语·里仁》。

里不是指道德上的好人，而是指地位高的人；"小人"在这里也不是指道德上的坏人，而是指下层人。"喻于"就是告知、说服的意思。孔子这句话的意思是——

对君子要用义来说服他、要求他；

对小人，要用利来引导他、鼓励他，

对君子，告诉他义在哪里；

对小人，告诉他利在哪里，

以义去要求责难君子；

以利去鼓励诱导小人。

道德出了问题，责任在哪里？在上层。要对谁讲道德？要对谁做道德要求？对上层。跟普通老百姓，应该告诉他，利在哪里就可以了。上层人要承担道义，下层人要关注权利。不对普通百姓讲仁义道德的大道理，这是一个读书人的良知。

苛上不责下，孔孟之政道。

律己而宽人，孔孟之友道。

小个子挤走大个子

孔子对齐景公印象非常不好，但是很有意思的是，齐景公对孔子的印象倒是相当好，甚至准备把齐国一块土地分封给孔子。这对孔子来说确实是一个好消息,至少可以安身立命。可是,齐景公的这个想法却遭到了一个人的反对。这个人竟然是大名鼎鼎的晏子晏婴。

晏子这个人,孔子对他很尊敬,可是晏子对孔子的印象却不怎么好。

晏子去世以后,孔子说过一句话:"晏子这个人善于与人交往,交往越久,别人就越是敬重他。"[1]孔子跟晏婴打交道也就是两次:一次是晏婴到鲁国去,孔子参与接见,这个时间应该很短,不会交往很久。第二次就是在齐国这一段时间。在这一段时间里面,他对晏婴是越交往越尊敬他。但是,不幸的是,偏偏晏婴对孔子印象不太好。

所以当齐景公准备把一块土地分封给孔子的时候,晏婴首先起来反对。他说:"像孔子这样的儒家,能言善辩,不是法律能管得住的。他们傲慢、自大,这也不是一个做下属的好人选。他们讲究厚葬,靡费钱财,这也不能成为齐国的风俗。他们周游列国,追求做官,这样的人也不大靠得住。"[2]

他跟齐景公讲了这么一番儒者的坏话。实际上,晏婴讲的这些现象,确实是那个时代一般儒者的基本特点。在孔子之

---

[1]《论语·公冶长》:子曰:"晏平仲善与人交,久而敬之。"
[2]《史记·孔子世家》。

前，甚至在孔子的同时，一般的儒者给别人的印象就是如此：知识很琐碎，礼节很繁琐，人也很猥琐。所以儒者整体的社会形象不好。

但是晏婴没有明白，孔子的儒者已经是新儒者了，已经不是此前的"小人儒"，而是"君子儒"了。以孔子为代表的新儒者，是铁肩担道义，是博爱大众而追求仁德的。

但是，我们无法要求晏婴意识到这一点。由于晏婴的反对，齐景公也就只好打消他封赏孔子的想法。

晏子是齐国的老臣，相传个子很矮，身高不足六尺。孔子个子很高，九尺六寸，所以晏子站在孔子的身边，差距太大了，孔子比晏子高了三分之一还多。这一高一矮的两个人，高的喜欢矮的，矮的偏偏不喜欢高的。用孔子的话说，这也就是命吧！

从此以后，齐景公对孔子也就比较冷淡，甚至到最后暗示孔子："我老了，不能再用你了。"说白了就是让孔子走人。

孔子只好离开齐国，回鲁国。据说，他这一次离开齐国，还走得非常紧急，本来米都已经淘好准备下锅煮饭了，突然之间决定要走，把米从水里面捞起来，稍微晾干一点，带上就走。有人认为很可能是在齐国遇到了紧急情况，齐国的一些大夫要谋害孔子。

孔子三十五岁到齐国,在齐国待了一年多的时间,又回到了鲁国。

此时,孔子三十七岁,即将迎来人生的不惑之年了。

四十不惑

第一节 — 智者不惑
第二节 — 极端是恶
第三节 — 杏坛至乐

第一节

智者不惑

孔子曾说自己是"四十而不惑"。

何谓不惑？是指他什么都知道吗？显然不是。一个人不可能什么都知道。

孔子三十七岁回到鲁国后，接下来的十四年里，他就干了一件事：教书育人。虽然有很多人登门来向他请教问题，他几乎成了有问必答的"百科全书"，一般人不知道的事情，很多他都知道。但是，他所说的"不惑"，并不是说什么都知道，什么知识都难不倒他。

庄子曾经说过，人的生命是有限的，知识是无限的，用有限的生命去追求无限的知识，这是不可能的。[①]人不可能具备所

[①]《庄子·养生主》：吾生也有涯，而知也无涯，以有涯随无涯，殆已。

有方面的知识。孔子比我们高明,不是指他知识比我们多,而是指他的判断力比我们强。所以,不惑的意思是:

一,对自己的人生不再有疑惑,对自己的人生方向不再动摇。

二,对世间林林总总、光怪陆离的现象都能做出正确的价值判断。判断其是非、善恶、美丑。在大是大非面前不再迷惑。

土里挖出一只羊

在《论语》及汉代编纂的各类有关先秦的典籍里,孔子几乎是个百事通的角色。各位学生、各路诸侯、各家贵族以及其他各色人等,有了各种莫名其妙的问题,都来向他讨教。而孔子也就承担起了释疑解难的社会责任。他也确实有本事,一般情况下,还真是做到了有问必答,就像他自己说的:"未尝无诲"。哪怕一时心里"空空如也",手头并无现成答案,他也会尽量使问者满意。①

季桓子在家里挖井,挖出一只羊,感觉挺奇怪,就派人去问孔子是什么。并且,季桓子还耍了个心眼,让使者去问孔

---

① 《论语·子罕》:子曰:"吾有知乎哉?无知也。有鄙夫问于我,空空如也,我叩其两端而竭焉。"

子时不说是羊,而说是狗。使者跑去跟孔子说:"我们家主人挖井,竟然从井里挖出个形状像狗的东西来,那是什么动物啊?"孔子说:"那应该是羊,不应该是狗。"这就让大家很佩服:骗都骗不了孔子。

吴国进攻越国,把越国打败以后,在拆会稽城墙的时候,发现了一截非常巨大的骨头。这骨头放到车里,正好装满了一车厢。什么动物有这么大的骨头呢?他们搞不明白,就专门派人去问孔子:"什么骨头最大啊?"孔子说:"防风氏的骨头最大。当初大禹在会稽山上大会诸侯,防风氏迟到,大禹很生气,就把他杀了。他的骨头能够装满一车厢。"这个吴国的使者对孔子佩服得五体投地。孔子说的地点和骨头大小,都与吴国在越国城墙里发现的正好吻合。

孔子在陈国,有一天,天上掉下一只大鸟,这只鸟的身上中了一箭。这箭一尺八寸长,木做的箭杆,石头做的箭镞。陈国国君陈惠公就拿着箭来问孔子:"这是怎么回事?"

孔子一看,说:"这只鸟是从很遥远的地方飞来的。周武王灭商,打通了通往各地少数民族的道路,于是许多边远地区的少数民族都给周武王进贡。黑龙江这个地方有个民族叫肃慎氏,他们进贡的特产就是用木杆做箭杆,用石头做箭头的箭。周武王把这种箭送给自己的长女,作为陪嫁带到了陈国。你们到国库里面去找一找,应该还有。"

陈惠公马上让手下人到国库里去找,还真找到了。

上面的这几则故事,都是《孔子家语·辨物》和《史记·孔子世家》中记载的。我们一定会觉得孔子很厉害,什么都知道。其实不然,也不可能。《左传》《史记》《孔子家语》,记下的当然是孔子能回答出的,回答不出的,也就不太会记了。

两小儿辩日

当然,也有记载孔子"不知"的。比如《列子》上就有这么一则,当然是编造的,但也能说明问题。故事是,两个孩子辩日之远近,一个说太阳早晨离我们近,一个说太阳中午离我们近,还各自都有相关经验作证据。正好孔子碰见,他们就问孔子,让孔子来做裁决。结果孔子也不能判断。两个小孩就嘲笑孔子:"孰为汝多知乎?"[①]——谁说你知识多啊?

《列子》用这句话来嘲笑孔子。实际上这句话非常好。好

[①] 《列子·汤问》:孔子东游,见两小儿辩斗。问其故。一儿曰:"我以日始出时去人近,而日中时远也。"一儿以日初出远,而日中时近也。一儿曰:"日初出大如车盖,及日中则如盘盂,此不为远者小而近者大乎?"一儿曰:"日初出沧沧凉凉,及其日中如探汤,此不为近者热而远者凉乎?"孔子不能决也。两小儿笑曰:"孰为汝多知乎?"

在它让我们明白一个道理：一个人的境界跟知识的多少往往没有多大关系。孔子确实多知，但那也只是相对的。

在春秋时代，不知道太阳何时离我们近，何时离我们远，根本不能说明孔子不厉害。孔子的知识总量，放在今天，未必比得过一个初中毕业生。但我们能说今天的初中生比孔子强吗？不能。既然如此，我们就要反思：知识面大一些，小一些，真的那么重要吗？

荀子曾经讲过一句非常好的话，他说有一些知识"不知无害为君子，知之无损为小人"。[①]就是说有些东西一个人不知道，也不能妨碍他成为君子；有些东西一个人即使知道了，也不能阻止他成为小人。我们在很多方面无知，这很正常。我们每一个人的知识都是有限的，孔子的知识也是有限的。他的知识肯定不及现代人那么多，但是我们现代人哪一个敢说自己境界比孔子高？这说明一个问题：知识的可贵不在于知识面有多大——知识的可贵在于它能否形成我们的判断力，不在于广度，而在于高度和深度。

所以，孔子讲"四十不惑"就是指他拥有了判断力，尤其是指价值判断力，判断好坏、是非、对错、善恶等等的能力。

[①]《荀子·儒效》。

有鬼还是没鬼

正因为如此,孔子有时也会拒绝就某些问题作出明确回答。《论语·述而》上说,"子不语怪力乱神",孔子不谈论怪异、勇力、悖乱、鬼神。这可能是弟子们总结出来的,也可能是孔子明确宣布的。"怪、力、乱、神"是禁区,不要问,问也不答。

子贡曾无奈地叹息:"老师关于文献方面的学问,我们可以听得到;老师关于人性和天道的论述,我们听不到啊。"①

子贡在孔子的三千弟子中,绝对在前五名之内。对这样的弟子,孔子都不说,可见他的固执和坚持。有些问题就是不说,没得商量。

还有一个前五名之内的学生子路,也曾遭到孔子的拒绝。子路问孔子如何侍奉鬼神之事,孔子反问:"未能事人,焉能事鬼?"人都侍奉不好,怎能谈侍奉鬼?子路不甘心,期期艾艾,又问何为死?孔子还是反问:"未知生,焉知死?"生的道理还没弄明白,怎能明白死呢?②

---

① 《论语·公冶长》:子贡曰:"夫子之文章,可得而闻也。夫子之言性与天道,不可得而闻也。"
② 《论语·先进》。

为什么对此类问题,孔子不答呢?

第一,孔子老实。"知之为知之,不知为不知"。确实,比起冷幽幽的老子,笑嘻嘻的庄子,火杂杂的孟子,孔子是个老实人。

第二,孔子惧怕。有些问题说不得。

什么叫价值判断力?就是知道什么事情该做,什么事情不该做;什么话该说,什么话不该说。《说苑·辨物》有这样一则:

子贡问孔子:"人死之后有知还是无知?"

孔子回答:"不说。"

子贡问:"为什么不说?"

"我要是说死者有知,恐怕孝子贤孙会过分厚葬死者而妨害生者的生活;我要是说死者无知,又恐怕不肖子孙丢弃死者遗体不加以安葬。所以我不说。"孔子的意思是,即使是事实,有些事情也不能说。因为,从价值的角度看,要考虑说了以后的道德后果。

众生平等

很多时候,说还是不说,真是一个问题。

但是,有些问题还必须说。孔子不是不言"性与天道"

吗？但是，关于人性，他还是说了一句非常重要的话：

性相近也，习相远也。①

人性是相近的，是不同的环境与后天的习得使人与人拉开距离了。不谈人性的孔子，为什么又说了这句话？

我们来看看孔子以后，关于人性的争论就知道了。

根据《孟子·告子上》和《荀子·性恶》的记载，先秦时期，关于人性问题，在孔子之后，主要出现了四种观点：

第一，告子的"无善无不善"——人性无善恶，善恶是后天环境的影响；

第二，"有性善，有性不善"——有的人性善，有的人性恶；

第三，孟子的"性善"；

第四，荀子的"性恶"。

在以上四种观点里，哪一种最不可取呢？当然是"有性善，有性不善"。因为，这种观点从人性的角度给"人是生而不平等的"这种邪恶的观点提供根据。更糟糕的是，谁才能说自己善而别人不善呢？当然是统治阶级，强势阶层。

我们回头再看看孔子的话，就会明白孔子是多么伟大：他的性相近之论，预先杜绝了这种邪恶的人性观，他为人性问

---

① 《论语·阳货》。

题设置了一条底线——人性相同（近）。在此底线之上，就是善；在此底线之下，就是恶。"有性善，有性不善"，宣传人性不同，就是恶。孟子讲"性善"，荀子讲"性恶"，两人针锋相对。但是，两人都不违背孔子，都坚持了孔子的底线：人性相同或相近。

不该说的，不说；该说的，一定说。这就是孔子的价值判断力。

父子相隐

我们再来看看《论语》中孔子对一些敏感问题的判断。先看《论语·子路》这一条：

> 叶公语孔子曰："吾党有直躬者，其父攘（rǎng）羊而子证之。"孔子曰："吾党之直者异于是：父为子隐，子为父隐，直在其中矣。"

孔子来到楚国北方重镇负函，主政负函的长官叶公[1]非常敬仰孔子。为了展现自己治理有方，他跟孔子说："孔先生，我这个地方有个正直的人，他的父亲偷了羊，他很公正地站

---

[1] 叶公，名沈诸梁，因被封在叶（今河南叶县），故称叶公。

出来告发了。"言外之意是，您看，我这个地方的老百姓多么正直啊！这就是我治理的成功啊！

楚国在春秋时期是一个被北方"文化歧视"的国家，因此，叶公带着明显的文化自卑，向来自北方、代表着北方文化最高境界的孔子炫耀自己的政绩以及楚国的文明程度。但是，他万万没有想到，他所沾沾自喜的"文明"却被孔子毫不留情地揶揄了一番。在孔子看来，他所夸示的父子相告的所谓"文明"，其实非常野蛮。

孔子说："我们家乡人的正直和您这个地方的正直是不一样的：如果儿子做了坏事，父亲帮他隐瞒；如果老子做了错事，儿子帮他隐瞒。公正、正直就在这种做法里面。"

这是一个聚讼纷纭的问题，直到今天，法律界还在为此争论。孔子认为儿子就应该帮老子掩盖，老子就应该帮儿子隐瞒。所以叶公被完全搞糊涂了，孔子这样的大道德家怎么会讲出这样的话来？他不明白的是，孔子知道有些东西是有更原始、更重要的价值，是不能被破坏的。

我们来分析一下这个问题。

父亲偷羊，儿子知情，儿子有两种选择：

一，儿子告发，法官据此判决，羊回到了原主人那里，公正得以维护。但是，父子之间的天伦亲情受到了损害。

二，儿子沉默，偷羊之事不能被揭发，羊的主人受到了损失，公正受到了损害。但是父子的天伦亲情得到了维护。

两种选择，各有利弊。那么，且让我们"两害相权取其轻，两利相权取其重"来看一下。

假如儿子不作证，对社会、法律损害不大，甚至没有损害。理由如下：

一，法庭可以通过其他渠道获取证据，一样可以判决。

二，即使由于证据不足，不能破案和判决，一只羊失窃，也不是严重的案件，社会危害不大。

三，一两次案件由于证据不足而不能得到公正判决，并不会损害法律的权威，也不会影响法律的公正。

严格地说，法律不是（也不能）惩罚所有的犯罪，而是（也只能）惩罚那些证据确凿的犯罪。这话反过来说，是这样的：法律不能惩罚那些没有正当合法证据的犯罪。这样理解和运行法律，不但不会降低法律的威严，恰恰维护了法律的严肃性。

相反，假如儿子作证，对父子亲情则损害很大。理由如下：

一，鼓励甚至强迫儿子出来指证父亲，就必然严重损害这对父子的亲情，这种伤害远远超过一只羊的损失。

二，更糟糕的是这种案例的示范作用——连父子都可以互相告发，会让人们痛苦地接受这样的事实：父子之间，也不可相信。这就彻底颠覆了人伦，让人生活在社会如同生活在丛林，人心会因此冷酷。

三，相对于一两个具体案件是否能够公正处理，父子天伦亲情是人类更原始、更基本的价值，这种价值一旦被破坏，社会的基本细胞都要被破坏。

而一两件案件的错判或有罪而侥幸脱逃并不能对法律的整体尊严产生威胁，更不会颠覆人们对于道德和社会的基本信心。

所以，我们得出这样的结论是：孔子是对的，叶公是错的。

即使从法律角度而言，也有两条原则：

第一，不能用违法的手段获取证据。假如把法律比喻为一条河流，那么犯罪只是弄脏了河水；而用违法手段获取证据，就是弄脏了水源。所以，用违法手段获取证据，比犯罪本身更恶劣。

第二，不能用破坏基本价值的方式和代价获取证据。举一个极端的例子：当罪犯把违法证据吞入肚子时，能否当场剖开他的肚子取证？答案当然是否定的。

因为，为取证剖开一个嫌疑犯的肚子杀死他，就是破坏了基本的价值。

孔子在叶公这里碰到的问题，后来孟子也碰到了。

桃应问道:"舜做天子,皋陶做司法官,如果舜的父亲瞽(gǔ)叟杀了人,皋陶该怎么办?"

孟子说:"把他抓起来就是了。"

桃应问:"那么舜不阻止吗?"

孟子回答说:"舜怎么能阻止呢?皋陶是依法行事的。"

桃应说:"那么舜怎么办呢?"

孟子说:"舜把抛弃自己的天下看成抛弃一双破鞋。他偷偷地背起父亲逃跑,沿着海边找个地方住下,一辈子高高兴兴地享受天伦之乐,把曾经做天子的事忘得一干二净。"①

孟子给舜出的主意是:丢弃天子之职,背上父亲逃走。这就是避免两种价值发生冲突。在这样一个重要问题前面,孔子、孟子显然比叶公、桃应看得更远,看得更深。

以直报怨

再看看别的例子。有人问孔子:"以德报怨,可不可以?"孔子说:不如"以直报怨"。②

关于如何报怨,有三种选择:

---

① 《孟子·尽心下》。
② 《论语·宪问》:或曰:"以德报怨,何如?"子曰:"何以报德?以直报怨,以德报德。"

第一，以怨报怨；第二，以德报怨；第三，以直报怨。

《老子》里面，也有"报怨以德"的话，但是，结合上下文，老子对此是赞成还是反对，是提倡还是嘲讽，学术界却有不同的看法。我们暂且不提。

我们看孔子，孔子明确表示反对。而且，他还说出了他反对的理由。

我们来看看孔子的回答："如果你以德报怨，那你拿什么来报德呢？正确的做法是：用公正来对待仇怨，用恩德来报答恩德。"

首先，我们看，孔子没有说"以怨报怨"。这是必须坚决摒除的选项。理由很简单：以怨报怨时，你将堕落到与你要报复的人同一境界，你将失去报复他的道德优势和正当理由，无正当性的报复不仅无助于建立道德价值，反而是对道德的再一次破坏。

其次，孔子不是说"以德报怨"不可以，他只是认为不应该提倡，不值得作为一个道德命题来讨论。具体到某一个人，针对某一件事和特定的一个人，如果他愿意，他是可以"以德报怨"的，并且能这样做还可能是很可贵的。

但孔子作为一个伦理学家，他要考虑的是伦理学的秩序与平衡： 假如一个人做了坏事，我们提倡以恩惠来报答他，那么，另外一个人做了好事，我们应该怎样报答他？孔子这个反问实际上蕴含着深刻的伦理内涵。回答这个反问的答案有两个：

第一，以德报德；第二，以怨报德。

显然第二个选项是不可想象的。于是，就剩下了：以德报德。

结果是：以德报怨，以德报德。

这意味着，一个人，无论他是做好事，还是做坏事，他得到的社会或他人的报答是一样的：德。

这实际上就是打击好人，而怂恿坏人。

一个人做坏事理当受惩罚，付出代价，这样才能让人不敢做坏事；一个人做了好事理当有好报，这才会鼓励人们做好事。社会就应当形成这样的风气和大环境。

"以德报怨"还会使道德自身很尴尬，道德自身被置于一个或有或亡的危险境地。为什么呢？

因为，正如上面分析的，"以德报怨"使得一个人，做好事也好，做坏事也罢，结果一样——道德约束力没有了。

其次，从道德的角度讲，当道德要求人们对坏人"以德报怨"时，道德首先就自己放弃了自己的职责。"以德报怨"这个命题更糟糕的地方就在这里：它把"道德"当做奖品，赠送给做坏事的人了。

孔子实际上在提醒我们：道德一旦极端化，不仅会取消自身，甚至会助纣为虐。

所以，"以德报怨"，看似"道德"，实际上倒是起了不道德的作用：使不道德的人可以肆无忌惮，不用担心承担什么后果。

可见，提倡"以德报怨"不但不能促进道德，反而要"促退"道德。

所以，孔子提出了"以直报怨"的观点：用公正来对待仇怨。即使是坏人，他也应该得到公正的对待。既不特别宽恕他，更不过分报复他，让他得到他该得到的。

以德报怨是绝对道德主义的观点，这一观点遭到了孔子的反对。由此可见，作为已经达到不惑境界的孔子，是坚决反对绝对道德主义的。

第二节

极端是恶

由于中国人的基本价值观和道德信念都指向孔子,所以一般人都认为孔子是个道德主义者。

其实,这是种误解。孔子并不认为单一的道德可以解决社会问题,他更不认为对人做严格的道德要求就可以改变人的品行,更为可贵的是他坚决拒绝绝对道德主义,从而为我们民族杜绝了陷入原教旨主义泥沼的危险。

孔子固然痛恨不道德的人、破坏礼制的人,或者面对邪恶无动于衷的人,这在《论语》和《孔子家语》中可以找出无数的言语和行动的例子。这是一个人基本品性的体现,也是一个人道德水准的体现。面对不道德的人和事,面对邪恶,面对世界上天天都在发生的众暴寡、强凌弱,有着基本的善恶判断和良知的正常人会在心理上发生"道德的痛苦",并自然地表达出道德的义愤。孔子也不例外,但他并不特别突出——他只是比一般人更加敏感。

极端道德有两种表现形式:一是要好人极端地好;二是对坏人极端地坏。要好人极端地好,结果是不道德,我们在前一章节中讲"以德报怨"时就已经作了说明。

那么,对坏人极端地坏,极端地痛恨,用极端的手段去对付坏人,结果又会怎样呢?

杀不杀公伯寮

《论语·泰伯》中记载了孔子这样一句话:

人而不仁,疾之已甚,乱也。

对不仁的人,恨得太过分,也是祸乱。如果说能够痛恨不仁的人和事,是一般人可贵的道德良知的话,那么,认识到这种痛恨如果不加节制,可能走向不道德,并因此对我们提出警告,则是圣人的道德判断力。因为一旦把道德绝对化,就会用绝对化的手段去惩戒那些不道德的人,而绝对化的手段本身即是不道德的。用不道德的手段去推行道德,就如同抱薪救火;用不道德的手段去惩罚不道德,又如同以暴易暴。对不仁者的极端仇恨和不择手段的报复，反而会把我们的道德拖下水，让我们变得更加不仁。

实际上，孔子是发现了一个严峻的事实：天下的很多祸乱，是由绝对道德主义者惹出来的。所以，孔子反对用极端的手段对待不仁的人。

孔子有一个学生，叫公伯寮，他可能是孔子学生里面最糟糕的一个，被后人称之为"圣门蟊螣（máo téng）"，孔子门下的害虫。他竟然在孔子"堕三都"的关键时刻，在执政贵族季氏的身边说师兄子路的坏话，导致子路丢了季氏家臣的职务，对"堕三都"的失败以及孔子从鲁国出走都负有相当的责任。

鲁国有个大夫叫子服景伯，对孔子说："您的这个学生实在太坏了，如果您允许的话，我有力量杀了他，让他暴尸大街。"

孔子说："我的道如果能够行得通，那是命；如果行不通，那也是命,跟公伯寮没有关系。"[①]

孔子嘉许子服景伯的忠心，但断然不能听他的杀人建议。这就是是非判断力。公伯寮坏，但是假如我们用杀人的方法来对待这样的人，那我们就更坏。用极端的手段，用杀人的手法

[①]《论语·宪问》：公伯寮愬子路于季孙。子服景伯以告，曰："夫子固有惑志于公伯寮，吾力犹能肆诸市朝。"子曰："道之将行也与，命也；道之将废也与，命也。公伯寮其如命何！"

来清除异己,是恐怖主义行为。

为什么孔子不赞成人们用极端方式来履行道德?为什么孔子反对用极端的手段来实现正义维护道德?因为一切极端手段必隐含着对另一种价值的破坏。而且,极端手段所蕴含的破坏性往往指向更原始更基本的价值。

恐怖主义就是极端道德主义的产物。恐怖主义、恐怖行为,可能有自以为是的道德基础和道德目标,但是比起一般的不道德行为危害更大,结果更不道德。所以,人类有识之士永远都会反对一切形式、一切借口的恐怖主义。

学不学尾生高

鲁国有个叫尾生高的人,以直爽、守信著称,极端地想对人好,极端地坚持小节,结果送了命。传说他与一女子相约在桥下见面,女子没按时来,尾生高一直在约会处等候。后来,河水暴涨,尾生高不愿离开桥下,就抱住桥柱子死守,终于被淹死。[①]

守信当然好。但是,拘泥就不好。尾生高的毛病就是拘泥。女孩子约会没来肯定情况有变化,即使来了,桥下都是水

---

① 《庄子·盗跖》《史记·苏秦列传》。

了,那女孩难道会潜水到下面去约会吗?

尾生高在《论语·公冶长》里叫"微生高",有记载:

> 子曰:"孰谓微生高直?或乞醯焉,乞诸其邻而与之。"

醯(xī),就是醋。孔子说:"谁说微生高这个人直爽呀?有人向他讨点醋,他不直言自己没有,却到他的邻居家去要了点醋给人。"

乍一看,微生高还真不错,自己没有,转向邻居家讨来给人。但细一想,就不对了:有就说有,没就说没,何必如此曲意讨好别人?如此拖泥带水,小心翼翼,有意识地去做好人,是要让人家感谢他吧?所以,孔子说他不直爽。

做人做事,不能太刻意,刻意会显得太有心机。也不能太曲意,曲意会变得很烦琐。做人干净利索一点,洒脱一点,直率一点,是近乎君子的。而刻意去实行道德,曲意去体现善意,结果是让道德变味,使自己变态。实行道德的结果,应该是让我们更加舒展,而不是扭曲啊。

不要再哭了

再看孔子如何教导自己的儿子孔鲤(字伯鱼)。母亲去世了，孔鲤守丧。丧期过了，他还在那儿哭。孔子听到哭声，就问是谁在哭。有人告诉他，是伯鱼在哭他的母亲。孔子把儿子叫来，告诉他：丧期已经过了，应该回归正常生活了，天天这么哭哭啼啼反而不好，表达孝心不能太过。伯鱼听父亲这么说，也就不再哭了。①可见，孔子认为，即使做儿子的，对于母亲的哀悼之情也要适可而止。

子路也碰到过类似的情况。他姐姐去世了，丧期已过，子路还把丧服穿在身上。孔子告诉他："可以把丧服脱下了，回归正常生活了。"子路说："我兄弟姐妹少，我不忍心啊。"孔子说："谁会忍心呢？人人都不忍心。但任何事都要有分寸，感情也要有节制。"接着，孔子告诉子路：

"先王制礼，过之者俯而就之，不至者企而及之。"子路闻之，遂除之。②

过之者俯而就之，不至者企而及之——非常精彩！它说出了道德标准确立的原则。道德标准太高，一般人做不到，道德失效；道德标准太低，很差的人都像道德模范，道德可笑。先王的礼，不是按最高标准制定的，也不是按最低标准制定的，而是按中间的标准。境界高的人，俯就一些；境界低的人，努

---

① 《孔子家语·曲礼子贡问》：伯鱼之丧母也，期而犹哭。夫子闻之，曰："谁也？"门人曰："鲤也。"孔子曰："嘻！其甚也，非礼也！"伯鱼闻之，遂除之。
② 《孔子家语·曲礼子贡问》。

力一点。这就是中庸之道。

可以要回报

关于孔子在道德上不走极端,还有几件事可以印证。据《吕氏春秋·察微》里记载,当时鲁国有很多百姓流浪到其他国家后,生活没有保障,最后沦为奴隶。鲁国人在别国做了奴隶,这让鲁国政府觉得很丢面子。为了改变这个状况,鲁国就颁布了一条法令:以后不管什么人,如果在其他国家,碰见做奴隶的鲁国人,希望能用钱把他赎出来,然后可以到鲁国的国库里面来报销。赎人者"惠而不费",既做了一件好事,又不需要花费钱,确实是好政策。这样,鲁国也确确实实显出了礼仪之邦的风采。

孔子的学生子贡,生意做得很成功,非常有钱。他还真的在外国赎回了一个人,但是他拒绝到国库去领回赎金。为什么这么做?我猜测有两个原因:第一,子贡认为自己是在做好事,拿了报酬就不是做好事了。为了证明自己的道德很高尚,他不要报酬。第二,他的富有使他有这个能力不取报酬。

可是孔子听到这件事情却非常生气。他把子贡叫来说:"你做错了。你应该去把赎金领回来。为什么?因为你不把赎金领回来，将来鲁国在外面做奴隶的人就再也得不到救济了。"

这是为什么呢？因为孔子看到了这个道德行为可能引起的不道德后果。你子贡有这么高的境界，同时还有足够的经济支持，所以你可以这么做。

但是，换一个人，假如他没有你这么有钱，他也没有你这么高的道德品质，他在外国碰到一个做奴隶的鲁国人，他救还是不救呢？如果拿出钱来把人赎回，他也有两种选择：第一，到国库里面报销赎金，这时他马上就会想：子贡可是赎了人没要钱，我现在赎了人要钱，与子贡一比就差远了。本来我可以不和谁比的，但是子贡现在这么一做，我要救人，就不得不和他比；而我和他一比，我就显得没他境界高了。我做了一件好事，最终得到的却是境界不够高的评价。第二，像子贡学习，不报销赎金了。可是他会想：我的经济状况却不允许我这么慷慨，这笔钱对我来说确实很重要。

在做了这番思想斗争以后，这个人就会认为，我做了一件好事，却把自己弄到这种尴尬的境地。为了避免这样两头为难，结果只有一个：装作没看见——他不赎人了。

一种绝对的道德行为，最终导致的结果很可能是不道德的。所以孔子反对绝对的道德。

《吕氏春秋·察微》中还有一个例子正好相反。有一天，子路在路上遇到一个人掉到了水里，他就跳到水里把那人救了上来。被救的人很感动，送给子路一头牛，子路收下了。按说子路是孔子的学生，救人是见义勇为，怎么能收人家一头牛呢？照现在常人的想法，这个子路的境界不高。而孔子却给了他很高的评价：仲由啊，你做得好，你做得对，以后鲁国的人一定会乐于助人了。为什么？因为鲁国人会这么思考：子路的道德那么高尚，他救了人，也是愿意拿报酬的。假如我看到一个人有危险，我就一定去救他，我拿了报酬，别人也不会说我不好，因为连子路都拿了。可见，子路拿了报酬，看起来境界不高，但最终的效果恰恰是最好的。所以孔子对子路给予了很高的评价。

曾参挨打

再来看看孔子弟子曾参的故事。

曾参在孔门弟子里是以孝出名的，据说《孝经》就是他著的，可谓中国古代孝子的模范。曾参早年有一件事：他在瓜田里锄草，一不小心把一根瓜秧给锄断了。曾子的父亲曾晳[①]，拿

[①]《康熙字典》，曾晳：《正韵》思积切，音析。《五经文字》晳从白。相承多从日，非。《正韵》曾點字晳，本从白，《论》《孟》《史记》皆讹从日。今不可改，故收入。《正字通》按从白者为白色之晳，从日者为明辨之晳。二义各异也。

起一根大棒,狠狠地痛打曾参的背。曾参不躲不让,直到被父亲打得昏死在地上,过了很久才苏醒过来。醒来后,愧疚万分地对父亲说:"我做错了事情,您来教训我,您拿了那么大的棒子,累不累啊?"

为了不让父亲为自己刚才的昏死而担心,他回到屋里,又弹琴又唱歌,以便让父亲知道自己很健康,没什么问题。

有人把这事告诉了孔子。孔子一听,非常生气,对弟子们说:"曾参今天来,不要让他进来,我不愿意见他。"

有弟子就把这件事情告诉了曾参。曾参想不通啊:老师,是您教导我,孝是人之本。我这样孝顺,您怎么还生我气,甚至不愿意见我了呢?他委屈得很,又不解得很,非常痛苦,一定要见老师。

孔子还是见了曾参。他给曾参讲了舜孝顺的故事。他说:舜也是很孝顺的。舜的父亲叫瞽叟,是个盲人。舜的母亲死后,瞽叟又娶了个老婆,还生了个孩子,叫象。舜的一家,四口人:他的父亲,他的后母,他和他的同父异母的弟弟象。另外三个人整天处心积虑地要把舜给杀了。即便这样,舜也不改变对他父亲和后母的孝,对弟弟的爱。舜应该是个大孝子吧,但他的孝和你的孝不同。当瞽叟需要他在身边伺候的时候,舜总是在身边;当瞽叟批评他,给他小小的责打时,舜也都在旁边听着、挨着。可是当父亲拿着大棒子来打他的时候，他一定逃得无影无踪了。

孔子接着说："你以为他是怕死吗？你以为他是怕疼吗？你以为他是不孝吗？不是啊，他要保住自己的性命。保全了自己的性命，才使得父亲没有因为打死了儿子而犯下不行父道的罪过，而他自己也没有丧失那拳拳的孝心啊！如果舜为了孝顺而听任父亲取他性命，结果是不仅自己死了，还要陷父亲于不义。你呢？你拿身体去承受父亲的雷霆之怒，你有没有想过，你一旦死了，不是陷你父亲于不义之地吗？还有比这更大的不孝吗？"

曾子一听，大汗淋漓："老师啊，我真糊涂，不是您指点，那我真要犯大错误了。"①

孔子对孝是有分寸的。古代《二十四孝图》中，那些极端的、违背人性的、戕害人性的孝的来源，很多不明就里的人都把它推到孔子身上。其实，孔子提倡孝，但他是有分寸的。《二十四孝图》里面，比如"王祥卧冰求鲤"、"郭巨埋儿奉母"等残忍的孝，绝不是孔子所主张的。

孔子非常推崇道德、非常坚持道德，但他不会在道德问题

---

① 《韩诗外传》《说苑·建本》。

上走向极端。孔子不是一个极端的道德主义者，不是一个道德的原教旨主义者。这不仅使孔子显得非常可爱，而且对于我们的民族来讲，也是一件非常值得庆幸的事情。因为正是孔子的这一特点，使得我们民族的性格是中庸的、温和的、宽松的，而不是喜欢走极端的。一个走极端的人是很可怕的人，一个走极端的民族是很可怕的民族，一种走极端的文化是令人恐怖的文化。

孔子中庸的道德观念，对中华民族来说真是一件非常值得庆幸的事情。

第三节

杏坛至乐

纵观孔子一生，从三十七岁自齐国返回鲁国，一直到五十岁，这期间的十四年，虽然整个时代风云变幻，但对孔子个人来讲，是相对平静祥和的。

这十四年间，孔子把自己的时间和精力全部投入到了培育弟子上，他的声名越来越远播，他的弟子也越来越众多。他一生中最杰出的弟子大多数都在此时聚集到了他身边。颜回（子渊）、仲由（子路或季路）、端木赐（子贡）、冉求（子有）、闵损（子骞）、冉耕（伯牛）、冉雍（仲弓）、宰予（子我），孔门十哲中，除了言偃（子游）和卜商（子夏），其余八位都已到齐。

这段时间是孔子的私学蓬勃发展的时期，一大批杰出的弟子围绕在他的周围，孔子和他们天天在一起，讨论"道"，讨论"德"，讨论"仁"，讨论修身、齐家、治国、平天下的大学问。

《庄子·渔父》曾经对孔子的私学有非常诗意的描述：

> 孔子游乎缁帷之林，休坐乎杏坛之上，弟子读书，孔子弦歌鼓琴。

古往今来，对孔子形象最诗意最传神的刻画，就是庄子的这段描写。杏花烂漫的水边高地上，孔子闲坐其上，弹着琴，唱着歌，弟子们围绕他，书声琅琅。在那个杀人如麻、流血漂橹、生灵涂炭的时代，孔子和他的弟子们杏花树下的场景，是黑暗心脏里的一片光亮，是漫漫历史时空的光明和希望。此等场景也只有庄子才能写出。庄子有时爱拿孔子开涮，要讽刺讽刺孔子，要调侃调侃孔子，但是庄子骨子里对孔子有大敬意啊。

面对世界无边的苦难，孔子固然很沉重，但仍然是从容的、快乐的。这个世界眼泪太多，所以孔子是悲伤的，但是他仍在微笑。因为有孔子的微笑，我们就不会绝望。只要还有孔子那样的人在努力，我们就知道世界还没有彻底堕落，我们还有希望。洪水滔天的时候，西方人有方舟，我们有什么？有杏坛——孔子的杏坛就是中国的方舟。

有朋自远方来

孟子曾说人生有三大快乐，其中之一，即是"得天下英才而教育之"①。孔子此时，正是处在这样的快乐人生之中！

一部《论语》找不到一个苦字。孔子心中，和"乐"相应的反义词不是"苦"，而是"忧"——不是忧愁的"忧"，而是心忧天下的"忧"，先天下之忧而忧的"忧"；不是名词"忧愁"，而是动词"忧虑"，是一种道义的担当。孔子心中的苦早已被他的责任心和使命感所代替，所以他说："仁者不忧"②。

实际上，《论语》开篇第一则，就是他"不惑"之年的宣言：

> 子曰："学而时习之，不亦说乎？有朋自远方来，不亦乐乎？人不知而不愠，不亦君子乎？"③

勤奋学习，又能有时间、有心情、有兴趣去时时温习与复习，把所学的东西默记在心，并在心中不断琢磨、切磋，甚至有新的发现，我们怎能不愉快？朋友自远方来，契阔谈䜩，真是无比快乐。这快乐不仅在于聚会时的互叙衷肠，还证明了自己的价值与德行。一个人唯其具备了忠诚，有了信义，有了德行，有了能力，才会有真朋友，才会有朋友自远方来拜望。这

---

① 《孟子·尽心上》。
② 《论语·子罕》。
③ 《论语·学而》。

又怎能不快乐?

当然,这个"朋",还可以理解为学生。《史记·孔子世家》记载:

> 定公五年,鲁自大夫以下皆僭离于正道。故孔子不仕,退而修诗书礼乐,弟子弥众,至自远方,莫不受业焉。

弟子自远方来,即有朋自远方来也。朋,即指弟子。此时的孔子,德高望重,他的教育水平声誉远播,越来越多的弟子负笈远来,聚集在他的门下。天下英才,得而教之,那是何等的快乐!

孔子最好学。好学,给他带来了随时随地的快乐。

> 子曰:"知之者不如好之者,好之者不如乐之者。"①

人要快乐,先要培养正当有益的爱好。好学是一种爱好,好学更是一种素质,好学才能有所成就。而且,好学才能够给我们带来快乐。读书不仅仅是长知识,它还能够让我们度过一些无聊寂寞的时光。很多快乐都需要有他人在场,有一种快乐却不需要,只要有书就行,那就是读书!所以好学之人,等于

---

① 《论语·雍也》。

给自己找到一条不需要外在条件的快乐之道。

历史不是什么

好学的孔子"好古":

> 子曰:"述而不作,信而好古,窃比于我老彭。"①

孔子说:"传述而不创作,信守并喜爱古代文献,我把自己比作我的老彭。"

> 子曰:"我非生而知之者,好古,敏以求之者也。"②

孔子说:"我不是生下来就懂得知识的人,而是爱好古代文化,勤奋地追求知识的人。"

对于古代的大圣大贤,孔子衷心地赞美,欣赏他们,崇敬他们。你看看他如何赞叹传说中的尧:

> 大哉!尧之为君也!巍巍乎,唯天为大,唯尧则之。荡荡乎,民无能名焉。巍巍乎,其有成功也。焕乎,其有文章。③

---
① 《论语·述而》。
② 《论语·述而》。
③ 《论语·泰伯》。

一开始就是"大哉",伟大呀,那个尧呀!"巍巍乎",多么崇高呀!"荡荡乎",多么广大呀!"焕乎",多么文采斑斓呀!面对民族历史上的伟人,孔子感慨万端,充满了热爱之情。

再看看他怎么讲大禹:

> 禹,吾无间然矣。菲饮食而致孝乎鬼神,恶衣服而致美乎黻(fú)冕,卑宫室而尽力乎沟洫。禹,吾无间然矣。①

大禹啊,我对他真的是没有可挑剔的了。他自己吃的很简单,但是给神明祭祀的时候,祭品却很精致;自己穿的衣服很俭朴,但是他在祭祀天地和祖先的时候,穿的祭服却非常讲究;自己住的房子很狭窄、很矮小,但是他把主要精力放在沟渠水利上。讲到此处,孔子又来了一句感慨:大禹呀,我对他真的是没有什么可以挑剔的了。

孔子在评价历史人物时,是把自己的感情完全融入了历史的。

历史不是一两个结论,历史的价值不是一些历史知识。历史的价值在于:我们在其中能不能找到它对于我们当代的价值,能不能找到对我们情怀的一种感动。

如果没有这些,历史就是没有价值的。历史不是一个古板

---

① 《论语·泰伯》。

的、与己无关的存在,它会介入我们的感情世界,而我们的感情,也介入了历史。

孔子为什么能做到这一点?孔子是有性情的,是有激情的。首先他自己对历史热爱,对这些历史人物有感情。在《论语》里,他至少两次明确说到自己是"好古"的人。

孔子一直把自己当做古代文化的传承者,所以他说自己在"述"而不是"作"。但实际上,他还是一位文化的开创者。"不作"只是圣人的谦虚。他如同一个池子,上面的水都流进他这个池子,而下面的水又都从他这个池子流出:孔子之前的文化,赖他而传;孔子之后的文明,赖他而开。

读书学习快乐,有朋(学生)自远方来,快乐。但天下不仅仅是快乐事,还有不如意事,不快乐事。比如,自己学问精深、道德深厚、志向远大,却无人了解,从而得不到相应的尊重与任用,还能快乐吗?孔子的回答是肯定的,因为他有内在的快乐。他的思路是:当我们面对委屈、误解时,当我们被褐怀玉时,假如能始终保持平静,不怨天不尤人,岂不是真正的君子!一旦我们在自己平静的内心中,发现自己是真正的君子,验证了自己修养的境界,心里是何等的快乐!何等的自豪!何等的自信!

无爱不快乐

这十四年,孔子不是一个人在那里孤独探求,他有众多的学生。他与学生一起探讨《诗》,探讨《书》,探讨《礼》,探讨《易》,探讨历史,一起追寻真理,谈的都是事关天下苍生的大事。他们不会求田问舍,不会蝇营狗苟,他们是胸怀天下而又洞穿未来的大丈夫。这样的生活是何等快乐!

颜渊、子路在孔子身边侍立。孔子要他们谈谈志向。

子路说:"愿意把车马皮衣拿出来与朋友共同使用,用坏了也不后悔。"

颜渊说:"愿意有功而不夸耀功,有劳而不表白劳。"

子路又说:"愿意听听老师的志向。"

孔子说:"安养老人,成全朋友,关怀少年。"[①]

子路豪放慷慨,颜回谦虚恭敬,孔子仁慈博爱。天下人,都在他仁慈的注视之中,都在他仁慈的胸怀之内。

再看《论语·宪问》中这一则:

> 子路问君子。子曰:"修己以敬。"曰:"如斯

[①]《论语·公冶长》:颜渊、季路侍。子曰:"盍各言尔志?"子路曰:"愿车马衣裘,与朋友共,敝之而无憾。"颜渊曰:"愿无伐善,无施劳。"子路曰:"愿闻子之志。"子曰:"老者安之,朋友信之,少者怀之。"

而已乎？"曰："修己以安人。"曰："如斯而已乎？"曰："修己以安百姓。修己以安百姓，尧舜其犹病诸？"

"修己以敬"，修养好自己，用一颗恭敬心来面对世界。这颗恭敬心不仅是指对地位高的人尊敬，不仅是对长辈尊敬，甚至不仅是指对人恭敬。恭敬是全方位的，对整个世界都要有一颗恭敬心，对动物也要有恭敬心，对植物也要有恭敬心。"敬"是一种气质，一种心灵的状态。心灵永在"敬"的状态之中，这颗心就是恭敬心。我们有了恭敬心，对谁都会有敬意，对世界万物都会有敬意。看到一朵花在那个地方开放，我们就不会随便把它折下来，而是让它在那个地方自由开放；看到花上有一只蝴蝶，就不要打扰它，而要让它做梦，这就是敬。人心有这样的一个"敬"的时候，整个气质都变了，就是个文明人。这是第一层境界。

第二层境界："修己以安人"。修养好自己，安顿好他人。这"人"是指什么？是指所有跟我们有直接和间接关系的人，这就是人生的责任。一个人总得要安顿好自己的父母，安顿好自己的伴侣，安顿好自己的子女；一个人对亲戚、朋友也应该有所交代，有所关照，有所帮助。其他的社会关系也是一样的。人是一切社会关系的总和，所以每一个跟我们有社会关系的人，我们都得对他们有所安顿。

一个人带着这样一颗安顿之心去做人，会做得多好！人生在世，就是要安顿好他人。

第三层境界："修己以安百姓"。修养自己，把天下都安顿好。这个境界很高，可能我们做不到。但孔子的这一回答让我们的心里明白了，人的心灵可以达到如此的高度。虽不能至，"然心向往之"。

能做到这样境界的，或有"先王之权"，如尧舜，可以做到；或有"先王之义"，如孔子，就做到了。孔子一生，为天地立心，为生民立命，为往圣继绝学，为万世开太平，这不仅是"安百姓"，而且是安万世百姓！

坐而论道的孔子，在如此平静祥和的氛围中，他和弟子们不仅在学问上切磋琢磨，日益精进，在性情的修炼和爱好培育上也得到了很好的发展。

孔子虽然自幼经历了许多苦难，但他始终是一个精神健全，不偏执、不孤僻、不阴冷而阳光的人。他内心里面充满的不是对别人的怨和恨，而是宽容和爱。汉代学者扬雄曾说："仲尼多爱。"[1]孔子内心有太多的爱，所以他才有太多的快乐，没

---

[1] 扬雄《法言·君子篇》。

有爱不会有快乐。快乐的根源是什么？是爱。孔子就是个骨子里特别有爱的人。

到南河洗个澡

孔子的快乐，最终来自于自己的德，来自于自己对于德的爱好和追求。在普遍的"好色不好德"的世道里，孔子发现，只有好德，才能给人带来一生的快乐。

子路曾问孔子："君子也有忧愁吗？"

孔子回答："没有。君子修行大道，在还没有修成的时候，享受修行的过程；等到终于达到了大道，又享受修行的结果，所以，君子享有终生的快乐，而没有一日的忧愁。小人则不然。他在没有得到所求之物时，为不能得到而苦恼；等到终于达到了自己的目的，又担心会失去所有，所以，小人有终生的忧愁，却没有一日的快乐。"[1]

难怪孔子说："君子坦荡荡，小人长戚戚！"[2]

在孔子的学生中，子夏有他的严肃却没有他的快乐；曾

---

[1] 《孔子家语·在厄》：子路问于孔子曰："君子亦有忧乎？"子曰："无也。君子之修行也，其未得之，则乐其意，既得之，又乐其治，是以有终身之乐，无一日之忧。小人则不然，其未得也，患弗得之，既得之，又恐失之，是以有终身之忧，无一日之乐也。"
[2] 《论语·述而》。

参有他的沉重却没有他的快乐；子路有他的勇敢却没有他的快乐；子贡有他的智慧却没有他的快乐；冉求多才多艺却失之于算计，算计就不快乐了；子张才高志大却失之于自负，自负就不快乐了。能够得孔子快乐之旨的，大约有两个人，他们都受到了老师的特别夸奖：一个是曾皙，一个是颜回。

孔子有一次要子路、冉求、公西华和曾皙谈谈志向。前三位个个都雄心勃勃，对自己的能力和专长进行了演绎。轮到曾皙，他却出人意料地说出一番和治国平天下毫无关系的话来：

曰："莫春者，春服既成，冠者五六人，童子六七人，浴乎沂，风乎舞雩，咏而归。"

曾皙说："暮春时节，春天的服装已经做成，和五六个成年人，六七个少年，去沂河洗洗澡，到舞雩台上吹吹风，再一路唱着歌回来。"

有人把这几句翻译为：

二月过，三月三，

穿上新缝的大布衫。

大的大，小的小，

一同到南河洗个澡。

洗罢澡，乘晚凉，

回来唱个山坡羊。

没想到，这样的逍遥自在，却得到了孔子的由衷赞扬：

夫子喟然叹曰："吾与點也！"①

孔子长叹了一声说："我赞成曾點（字子皙）啊！"孔子是个有情怀的人，他被曾皙感动了，以至于完全忘了这次谈话的主题，忘了什么治国平天下。这就是"乐以忘忧"啊！

另一位弟子颜回，虽然生活贫穷，却是个安贫乐道的人，更是深受孔子喜爱。

孔颜乐处

孔子说："贤德啊，颜回！一筒饭，一瓢水，住在陋巷里，别人都受不了这种困苦忧愁，颜回却不改他快乐的心情。贤德啊，颜回！"②颜回安于贫困生活，乐于追求道义，令孔子感慨万千。

这是孔子在说颜回是一个什么样的人。那孔子自己呢？在楚国的负函时，叶公曾经问子路：孔子是个什么样的人？子路一时不能回答。回来告诉老师，孔子埋怨他：跟我这么多年了，我是什么样的人你还不明白？我告诉你：

---

① 《论语·先进》。
② 《论语·雍也》：子曰："贤哉，回也！一箪食，一瓢饮，在陋巷，人不堪其忧，回也不改其乐。贤哉，回也！"

> 其为人也，发愤忘食，乐以忘忧，不知老之将至云尔。①

他的为人啊，用功时，便忘记了吃饭；学得兴奋快乐时，便忘记了忧愁，不知道衰老快要来到了。言语中充满了自信和自豪！

颜回比孔子小三十岁，情同父子。孔子之所以如此赞赏颜回，正是因为颜回的境界，与孔子自己的境界很是相合：

> 子曰："饭疏食，饮水，曲肱而枕之，乐亦在其中矣。不义而富且贵，于我如浮云。"②

吃粗糙的食物，喝一瓢凉水，枕头都不要，快乐自在其中！不义而来的富贵，就像天边的浮云，挥挥手，无所眷顾。"不义而富且贵，于我如浮云"，这一句是大潇洒。谁能够把富贵看成浮云，谁就真的彻底解放了，谁就真的彻底解脱了，谁就真的彻底潇洒了。有了这大潇洒，才能有大快乐，才能放得下、拿得起，才能舍得出、得着来。

看看孔子另一段关于贫与富的话。他说：

> 富而可求也，虽执鞭之士，吾亦为之。如不可求，从吾所好。③

这里的"执鞭之士"指市场管理员。当时，在市场正中建

---

① 《论语·述而》。
② 《论语·述而》。
③ 《论语·述而》。

一高台，派一人拿着根很长的鞭子，看到谁欺行霸市，就拿鞭子抽打——当然，大多数时候这只是一种象征性的存在。孔子是说：如果富有是可以求到的，即使让我做一名市场管理员我也干。如果不可求，我还是从事我自己的爱好。孔子的爱好是什么？是追求真理，追求学问，诲人不倦，大学成人，这里面照样有自己的快乐人生。

对待政治上的贵与达，孔子同样是洒脱的。一天，他跟颜回说：

用之则行，舍之则藏，惟我与尔有是夫。①

用我，我就去干；不用我，就隐居起来。只有我和你能够做到这样吧！孔子周游列国，不就是想在政治上找到一个施展才华的机会吗？但他却说："用之则行，舍之则藏"，这是何等洒脱。试想，假如孔子在这点上不够洒脱，非要做官，非要干的话，他可能早就堕落了。正因有如此洒脱，才使他不至于迷失方向。另外，在这句话中，孔子将颜回与自己放在了同样洒脱的境界，可见在孔子心目中颜回也是一个能够真正洒脱的人。

在所有弟子中，孔子最欣赏颜回，正是因为他们都是大潇

---

① 《论语·述而》。

洒人，大舍得人，都是天生的大快乐人！孔颜乐处，是一种何等洒脱的真境界啊！

> 子曰："回也，其心三月不违仁，其余则日月至焉而已矣。"①

孔子说：颜回啊，他的心灵长期地不违背仁德，其余的学生么，只能在某些时间偶然想到仁德罢了。孟子说："仁，人之安宅也；义，人之正路也。"②仁，是人最安稳的住宅；义，是人最正确的道路。颜回就是居住在仁德之中的，而且，三月不出门。万一出门，就顺着"义"走。可谓：居仁由义。

其他人呢？居于仁德之外，偶然至此，好奇地看看，不过是个访客。偶然仁德一两回，偶然做一两件好事，人人可行。长期地做好事，心灵永远停留在仁德之境的，便是圣人。

所以，当孔子与颜回这一对师生相遇后，这种"孔颜乐处"，人世间又有几人有福享受得到！

据《宋史·道学传》记载，周敦颐让受学于他的二程"寻孔颜乐处，所乐何事"，"二程之学亦由此而发源"。周敦颐让二程去体会孔子和他的高徒颜回的"快乐"，并寻找他们快乐的秘密，从而进入圣人的内心世界。这确实是通往孔子道德

---

① 《论语·雍也》。
② 《孟子·离娄上》。

最高境界的方便之门。

一位伟大的先哲，就这样徜徉于他和弟子们用自己丰富的心灵、高贵的情怀共同营造的自由和快乐之中，度过了自己人生中相对平静的不惑之年，即将展开一幅更为波澜壮阔的人生长卷。

五十知天命

第一节 — 人就是天命
第二节 — 鲁国司寇
第三节 — 攘外安内
第四节 — 去鲁适卫

第一节

人就是天命

孔子与弟子们凭着一腔真挚的情怀,用对学问和真理的孜孜追求,滋养着自己的心灵,磨砺着自己的德行。坐而论道的孔子,在不知不觉中迎来了自己的知天命之年。

什么是天命

孔子说:"不懂天命,就不可能成为君子;不懂礼,就无法立足于社会;不懂得分析辨别言论,就无法了解人。"①

---

① 《论语·尧曰》:孔子曰:"不知命,无以为君子也;不知礼,无以立也;不知言,无以知人也。"

孔子说:"君子有三种敬畏:敬畏天命,敬畏在高位的人,敬畏圣人的话。小人不知天命而不敬畏,不尊重在上位的人,蔑视圣人的话。"①

《论语》里,孔子两次直接谈到"天命",并且把它和君子的基本修养结合在一起。

许多人会认为天命是不存在的,是迷信。其实,孔子所说的天命:第一,它客观存在;第二,它不但不是迷信,还是正信。

孔子的"天命",大致包括客观和主观两个方面。客观方面是指:天命包括人与自然的关系、人与社会的关系、人与人的关系、人自身的命运等等。这些都是先我们而存在,是不以我们的主观意志而改变的。比如,我们生在地球上,生在某一国,这就是天命。我们生而为人,这也是天命。我们生在这样的家庭里,有这样的父母、兄弟、姐妹,这也是天命。这一切,都是我们必须认知和认同的,必须无条件接受的。

接受了这些之后,我们还得尽相应的责任,这就是天命的主观方面:包括人的道德责任、为人的准则、人的信仰、人的理想等丰富的含义。就是要认识到人是有道德使命的——人不仅是一个道德的存在,从而区别于一般动物,而且人还负有建

---

① 《论语·季氏》:子曰:"君子有三畏:畏天命,畏大人,畏圣人之言。小人不知天命而不畏也,狎大人,侮圣人之言。"

设道德世界的责任。所以,孔子的"知天命"的"知",不仅是指"知晓"、"认知",更是"履行",是"知行"的合一。

具体地讲,就是以下三点:

第一点,我们必须认知天命。认识到天命确实存在。人总是在一定的条件下生存,在一定的背景下寄托,在一定的凭借中发展。而且,生而为人,必须有所承担。这样的承担,无从推卸,因为是我们与生俱来的天命。

第二点,我们必须敬畏天命。敬畏这些命定的先天的一切,而不是嫌弃这些。这是敬畏心。

那么,敬畏天命会不会导致我们随波逐流,得过且过,听之任之,无所作为呢?不会。因为天命本身包含了我们主观上的努力,尤其是包含了我们必须承担的道德责任。

第三点,我们必须履行天命。知天命即是知"使命"。在认识到并敬畏这既定的人生依托的前提下,也能认识到人作为万物之长,也是天命力量的一部分。天意表现在个体身上,就是个体的历史使命。知天命、知天意、知天道,也就是知道自己的历史使命,从而产生历史使命感,从而顺应既定的条件、背景和凭借,乘势而为,百折不挠地向着命定的方向前行,完成自己的历史使命。所以,敬畏天命可以使我们拥有一个更加积极和义无反顾的人生。也就是说,知天命不仅使我们有敬畏心,还赋予我们进取心。

认知天命,是仁;敬畏天命,是礼;履行天命,是义。

所以,孟子说:"居天下之广居,立天下之正位,行天下之大道。得志,与民由之;不得志,独行其道。"① 什么叫"由之"?什么叫"行"?就是顺应天道,履行天道。

坏人也是天命

如果说,《论语》开篇第一则是孔子不惑之年的宣言,那么,下面这一则就是他知天命之年的宣言:

> 子曰:"莫我知也夫!"子贡曰:"何为其莫知子也?"子曰:"不怨天,不尤人,下学而上达。知我者其天乎!"②

孔子感慨:"没有人了解我啊!"这好像有一丝寂寞,其实是最深沉的大欣喜。"莫我知也夫"者,不是遗憾之言,而是得意之言。为什么?孔子做了回答:"知我者其天乎!"孔子向上通达天命,向下遵行天道,履行着自己作为人的使命,人生抵

---

① 《孟子·滕文公下》。
② 《论语·宪问》。

达了这种境界，心灵能与天地晤对了。孔子知天，天知孔子。孔子只能与天地晤对，当然有大寂寞，但这又恰恰是人生的大境界！一个知晓天命的人，一定具有超越常人的精神力量。

可以说，人的精神力量的来源，就是对天命的认知、敬畏与自觉履行。一个只有自我功利盘算和追求的人，只有欲望的力量，绝不可能具有百折不挠的精神力量。一个民族也是如此。

那么，知晓天命的孔子，又有着哪些精神力量呢？

第一，天命赋予孔子义无反顾的历史使命感，这是孔子精神力量的源泉。《论语·宪问》记载，有人把孔子说成是"知其不可而为之"的人。[①]俗人常常把"知其不可而为之"视为愚蠢。其实，孔子已经"知其不可"，又何来愚蠢？已经"知其不可"，却又"一意孤行"地"为之"，这就显示出一种伟大的、绝不平庸的、孤绝的人格与精神。这是一种古典的、悲剧式的崇高，是人类精神超绝一切生物之上的证明。有此精神，人才可能由凡入圣，优入圣域。"知其不可而为之"，正是对孔子伟大精神的定评。

第二，不怨天，不尤人。再看《论语·子罕》篇中的这一则：

[①] 《论语·宪问》：子路宿于石门。晨门曰："奚自？"子路曰："自孔氏。"曰："是知其不可为之者与？"

> 子畏于匡。曰:"文王既没,文不在兹乎?天之将丧斯文也,后死者不得与于斯文也;天之未丧斯文也,匡人其如予何?"

孔子在匡地遭受到围困拘禁。他说:"周文王已经死了,周代的文化遗产不都是在我这里吗?上天若要毁灭这种文化,我早就不可能继承到这种文化了;(现在既然我已经继承了这种文化,可见)上天不会毁灭这种文化,匡人又能把我怎么样呢?"

在人生最危难的时候,孔子之所以有如此的自信,正源于他所承载的文化,以及他所担当的历史使命,是那份舍我其谁的使命感给了他如此的自信、如此的从容和如此的镇定。

另外,前文有述,孔子的学生公伯寮背叛师门。但是,当子服景伯说凭他的力量可以让公伯寮横尸街头时,孔子却说:"我的道能得到实现,是天命;我的道将被废掉,也是天命。公伯寮能把天命怎么样?"

孔子的意思是:既然人有天命,人在人生旅途中所碰到的一切,无非是天命的一部分。公伯寮何尝不是我命中注定要碰上的呢?既然如此,我又何必怨他呢?他是我的命啊。

天命让孔子通达,宽容,善待一切,包括自己的对手。

第三,淡泊宁静。看《论语·里仁》这一则:

子曰："富与贵，是人之所欲也，不以其道得之，不处也；贫与贱，是人之所恶也，不以其道得之，不去也。君子去仁，恶乎成名？君子无终食之间违仁，造次必于是，颠沛必于是！"

孔子说："财富和地位，这是人们所想得到的，不用正当的方法去获得，君子是不会安处其中的；穷困和卑贱，是人们所厌恶的，不用正当的方法去摆脱，君子是不会躲避的。君子离开了仁德，怎样去成就他的美名呢？君子是连吃顿饭的工夫也不能违背仁德的。在最紧迫的时刻也必须与仁德同在，在流离困顿的时候也必须与仁德同在。"

富贵如果是我们的命，得之，好；贫贱如果是我们的命，受之，也好。粗茶淡饭喝凉水，如果是命，何碍于我们的欢乐？肥马轻裘享富贵，如果不是命，又何益于我们的欢乐？

按照孟子的说法，君子的天命是：居仁由义。①君子必须内心满怀着仁，行事遵循着义。如果世道好，居仁由义就会富贵，那真是大幸福，我们笑而受之；如果世道不好，居不仁由不义才能得富贵，那真是大不幸，我们就笑而却之。君子有仓促急迫之时，有流离困顿之境，但君子既然承担了安顿天下的

---

① 《孟子·尽心上》：王子垫问曰："士何事？"孟子曰："尚志"。曰："何谓尚志？"曰："仁义而已矣。杀一无罪非仁也，非其有而取之非义也。居恶在？仁是也；路恶在？义是也。居仁由义，大人之事备矣。"

使命，他就必须永远与"仁"同在。这就是知天命！所以，孔子才会说："不义而富且贵，于我如浮云。"

孔子坚定地担当着"仁"这一历史使命，无怨无悔地走在"义"这条光明大道上，无论出现多少诱惑，无论遭遇多少坎坷，他都义无反顾地朝着自己理想的彼岸跋涉着。奋然前行的他，随着天命之年的到来，他将要履行一项新的人间使命。

美玉待沽

从三十七岁一直到五十岁，十四年的时间里，孔子在政坛上可以说无所作为，他把主要精力放在了办学上。学生们在孔子的培育下不断成长，而孔子自己也在这过程中不断地提升着自己的境界，可谓教学相长。孔子，这位被后世尊为"大成至圣先师"的教育家，从来没有停下过完善自我人格修养的步伐，他一直在向着臻于至善的境界攀登。

这十四年里，孔子可谓"循道弥久，温温无所试，莫能己用"[1]。探索、依循道已经很久了，孔子却始终没有施展之处，也没有合适的人能够任用他。世界似乎把他忘了，他也好像忘

---

[1] 《史记·孔子世家》。

了世界。天下汹汹滔滔，礼坏乐崩，但孔子的名声越来越响，影响力越来越大，人们对他的期待也越来越强。孔子不出，于苍生何？

人们不能理解如此杰出的孔子，为什么不去从政。有人就问孔子："您为什么不从政？"孔子答道："《尚书》上说：'孝啊，孝顺父母，友爱兄弟，并把这种风气推广到政治上去'，我这么做，也是从事政治了，为什么一定要做了官才算从事政治呢。"①

孔子去世后，他和他的儒家学说对中国政治的影响非常大，非常深远。但是，这种影响不是来自于他的从政实践，而是通过他的思想去影响政治。他最终成了"万世师表"。几千年的中国政治早就浸透了孔子的思想，染上了浓重的孔子的色彩。我们说孔子不从政吗？他不仅在他那个时代从政了，而且，从某种意义上说，直到今天他还在从政。

孔子一直没有离开我们。他一直存在。法国哲学家萨特曾经讲过，伟大的历史人物由于他一直在影响历史，所以他对我们所有的人来说，他不是一个死去的人，他只是一个缺席者。②这话讲得非常深刻。在孔子以后的所有时代，孔子就是这样的

---

① 《论语·为政》：或谓孔子曰："子奚不为政？"子曰："《书》云：'孝乎惟孝，友于兄弟，施于有政。'是亦为政，奚其为为政？"
② 萨特《词语》，生活·读书·新知三联书店 1988年。

缺席者。

其实,不仅一般人对孔子不理解,就连他的学生也开始着急了:老师天天和我们在一起谈学问,天天和我们谈政治,他为什么不去实践呢?子贡也想探探老师的口风。子贡是个大商人,就从生意的角度,用隐喻来探问:"老师啊,假如有一块很好的美玉,我们是把它装在盒子里面放在家里,还是找一个好的买主,用一个好的价钱,把它卖出去呢?"孔子一听就明白了:这小子在探我口风啊。孔子就感慨地说:"卖掉它,卖掉它吧,不过我还没有找到一个好的买家啊!"① 为什么没有好的买家呀?鲁国现在掌权的是阳货,不是国君,孔子不愿意和乱臣贼子合作。

阳货送来一头猪

到后来,就连那个当年瞧不起孔子的阳货也着急了。这是很滑稽的一件事情。阳货是季氏的家臣,飞扬跋扈。到后来,连不可一世的季氏(季桓子)都被他控制,从而又实际控制了鲁国的大权。但他的地位很低,只是个家臣而已。而且他以前

---

① 《论语·子罕》:子贡曰:"有美玉于斯,韫匵而藏诸?求善贾而沽诸?"子曰:"沽之哉!沽之哉!我待贾者也。"

对孔子也很不好。孔子十七岁时，季氏（季平子）在家里举行家宴，宴请鲁国所有的士。孔子去赴宴，在门口被阳货赶了出来。所以孔子和阳货两人很早就打交道了。此时，三十多年过去了，孔子早已成了名满天下、德高望重的大思想家、大教育家。而阳货也已通过控制季氏进而控制了鲁国的大权。

但是作为一名家臣，通过违背政治游戏规则而暴得大权和大名，阳货心里其实很虚怯。所以，他很想培植自己的势力与群众基础。有着极高声望与国际影响力的孔子便是他首选的拉拢对象。

他先放出风声，想让孔子去见他。但孔子装作不知道，就是不去见。怎么办？阳货想了个办法。根据周代礼节的规定，大夫如果给士送礼，如果士没能在家里当场接受，并且表示感谢，就必须上门回拜大夫。阳货就乘孔子不在家的时候，给孔子送了一只蒸熟的小猪。①

孔子回到家，马上就明白，阳货是逼着自己去见他。怎么办？孔子也乘阳货不在家时去拜访，还了礼，又避免了见面。这就叫"以其人之道，还治其人之身"。可不巧得很，也可以说巧得很，孔子竟在回来的路上遇到了阳货！

---

① 除《论语·阳货》篇记载外，还见于《孟子·滕文公下》：阳货欲见孔子而恶无礼，大夫有赐于士，不得受于其家，则往拜其门。阳货瞰孔子之亡也，而馈孔子蒸豚；孔子亦瞰其亡也，而往拜之。

阳货当时权力很大，正是很得志的时候，说话的口气也很冲。他一看到孔子，就趾高气扬地说："过来过来，我和你说话。"孔子不得不过去。阳货就问他：

怀其宝而迷其邦，可谓仁乎？

有很高的道德，很高的才能，可是他眼睁睁地看着国家一天天衰败下去，人民的生活一天比一天苦难，竟然不出手相救，这样能算仁吗？

阳货为人不怎么样，但是这句话讲得很有道理。孔子没有办法，只好说："不可。"

阳货接着又问：

好从事而亟失时，可谓知乎？

一个人，很愿意有所作为，很希望在政坛上有所表现，可是却多次失去机会，这算是智吗？

这话讲得也很有道理，所以孔子也不得不说："不可。"

面对咄咄逼人的阳货，孔子虚与委蛇，但是回答得没有实质内容。阳货急了，就说：

日月逝矣，岁不我与。

时光在流逝啊，你孔子也快五十岁了，还等什么？时不我待啊。

孔子无奈，应付说："好啊，那我就准备准备出来做官吧。"①

一场对话就这样结束了。阳货一心要逼孔子出来做官，帮他做事。他的每一句话都咄咄逼人，而孔子的每一句话都是在敷衍。一个急切而带威逼色彩；一个懒洋洋很无奈，却又不能公开决裂。阳货极刚，孔子极柔。极刚遇极柔，竟让阳货的拔山之力无处释放。孔子没有冒犯他，没有拒绝他，他还能怎样？看起来是阳货处处占上风得寸进尺，孔子是处处退守步步为营，但到最后，阳货大约只能悻悻而退，而孔子则施施而还。

阳货倒台了

鲁定公八年，阳货同国内一些与季氏、叔孙氏有私恨旧怨的贵族势力联合，企图用"三桓"的异己力量取代"三桓"。为此，策划在都城东门外的圃田设享礼招待季桓子，趁机把他杀掉，再发兵攻打孟孙氏、叔孙氏二家。与此呼应，担任季氏费邑宰的阳货同党公山弗扰计划在费邑发动反叛。

阳货的举动受到孟孙氏成邑宰公敛处父的怀疑，经他劝告，孟懿子提前做好了军事预防。这天，阳货先到圃田等候，派

---

① 《论语·阳货》。

卫士挟持季桓子上车赴宴，他的从弟阳越驾另一辆车尾随其后。途中，季桓子发觉事情有诈，请求御者把车赶往孟氏住地，故意在十字路口把马弄惊，让车直向孟氏封地奔去。在后阻止不及的阳越被孟孙氏的埋伏射死，季桓子得以逃往孟孙氏家。

这一意外事变使阳货仓促发兵攻打孟孙氏。这时，公敛处父带领的军队赶到，将阳货击溃。至此，煊赫一时的阳货专鲁的政局收场告终。

阳货事变，给了"三桓"极大的震动。他们的家臣不仅直接夺取国家的权力，而且直接以武力威胁他们的身家性命。他们第一次认识到，"陪臣执国命"不仅是执了国命，甚至是要他们的命。对国命他们可以不关心，但他们不能不关心自己的命。现在阳货之变虽然侥幸平息，但谁能保证没有第二个阳货？况且阳货的同党公山弗扰、叔孙辄等人仍占据费邑，伺机反扑。而其他权势很大的家臣，如叔孙氏手下的公若藐、侯犯，还有此次参加平叛且有大功的公敛处父，会什么时候再成为第二个阳货呢？

这时候，"三桓"和鲁定公终于认识到孔子一直以来的警告是对的，意识到孔子的政治头脑与眼光对鲁国的重要性。他们开始认真考虑授予孔子以权力，借重他的政治能力使鲁国走出内外困境。

第二节

鲁国司寇

阳货的叛乱被平息了，鲁国国君和"三桓"不得不考虑，起用一些既有实际才能，又忠实可靠的人进入鲁国政坛。于是，在鲁定公九年，五十一岁，刚过知天命之年的孔子，被鲁国政府任命为中都宰。

从乡长干起

中都是鲁国西北部的一座小城镇，在今山东汶上县西约四十里。定公和季桓子派孔子做个小镇的地方官，也带有一点试用的味道。地方虽然不大，但是孔子毕竟有了一块用武之地。

孔子晚年,有个学生叫子游,在鲁国的一座小城武城做地方官。一天,孔子带着几个学生去看子游,看看子游把这个地方治理得怎么样。他们还没有进城,就听到城里传出老百姓唱歌的声音。孔子很高兴,因为他觉得治理国家最好的办法就是礼和乐。子游正是遵照他的理想在治理这个地方。

他心情一好,就和子游开了个玩笑,说:"杀鸡焉用牛刀啊,这么个小小的武城,你还用礼乐来治理,不是小题大做吗?"

子游老实,没看出老师是在开玩笑,就很认真地说:"老师啊,我以前听您说过,君子学道,就会爱惜百姓;百姓学道,就会容易服从。我现在教我属地的人民学道,这不是听您的教导吗?"

孔子很高兴,回头对其他学生说:"你们听着,子游讲的是对的。我刚才是跟他开一个玩笑啊。"①

孔子为何如此高兴?因为孔子从子游的行为里面看到了他的学生们正在按照他的理念实现政治理想。除此之外,恐怕孔子还从子游的现在,回想到了他自己在五十一岁做中都宰的成功经历。

---

① 《论语·阳货》:子之武城,闻弦歌之声。夫子莞尔而笑,曰:"割鸡焉用牛刀?"子游对曰:"昔者偃也闻诸夫子曰:'君子学道则爱人,小人学道则易使也。'"子曰:"二三子!偃之言是也。前言戏之耳。"

确实，孔子管理中都非常成功。根据《孔子家语·相鲁》记载，孔子用礼的办法来治理中都：一年后，中都的男子在道路右边行走，女子在道路左边行走；马路上丢失的财物，没有人拾取；所用的生活用具也朴实无华，实用而不讲究形式和包装；人民的日常生活和生养死送都有礼有节。而且，根据人的才能大小，授任不同职务。一年以后，当地的社会风气为之焕然一新，四方的诸侯都纷纷效仿。

所以像孔子这样的大圣人，如同牛刀，你给他一只小鸡，他照样宰得好。我们看看他二十多岁时在季平子手下做委吏、做乘田，一样做得井井有条。孔子道德极高，眼界极高，境界极高，目标极高，但做事时起点极低。这是真圣人。

鲁定公也很高兴，便把孔子召去，问他："你把中都治得很不错，用你治理中都的办法去治理鲁国怎么样啊？"

孔子对自己治理中都的成绩也很满意，对自己的做法也很自信，就说："用我的办法啊，治理天下也差不多吧，更何况一个小小的鲁国！"①

这样的成绩，这样的自信，让鲁定公对他有了极大的信任。鲁定公心里就开始盘算着给他一个更高的职务。

---

① 《孔子家语·相鲁》：定公谓孔子曰："学子此法以治鲁国，何如？"孔子对曰："虽天下可乎，何但鲁国而已哉！"

从小司空到大司寇

于是在鲁定公十年，孔子升任至大司空的副职——小司空。当时担任大司空的是"三桓"之一的孟孙氏。大司空是上大夫，小司空属下大夫。司空亦作司工，即掌管水土之事，包括诸如营城起邑、疏浚沟洫等一切水土工程；郊祀时，还负责扫除、乐器等。孔子任小司空后，把鲁国的土地分为山林、川泽、丘陵、高原、平地等，根据其不同土地属性，指导百姓种植和渔牧。他的工作再次得到鲁国政府的肯定。不久他就升任为大司寇，掌管司法刑狱事务。

"司寇"相当于司法部长、公安部长，是国家的最高司法长官，位同卿大夫。一个出身寒微的人被擢升至卿大夫，在当时是不多见的。显然，孔子靠他个人的能力，靠他个人的威望，靠他的巨大德行，获得了鲁国的国君以及"三桓"的信任。可谓才堪所任、实至名归。

据相关的一些记载，孔子做了大司寇以后，鲁国的一些贵族对此并不满意。因为他们觉得，一个普通的士竟然做到这么高的级别，他们不高兴，觉得这是对他们特权的一种侵犯，所以他们编了一首歌在那里唱："鹿皮袍子多寒酸？彩绘蔽膝多堂皇！鹿皮哪能佩蔽膝，摘了下去才像样！"①

这首歌讽刺孔子的身份和他今天所得到的地位和权力是不相称的，他们这些贵族要抛弃他、排挤他。这是当时的一些贵族对于孔子做大司寇的反应。

可见，孔子做大司寇，一方面不容易；另一方面也表明鲁定公是有决心的，"三桓"对他也是很信任的。当然，关键是孔子本人在做中都宰和小司空的时候，他的政绩确实让人信任他。

那么，孔子做大司寇，在普通老百姓中又是什么反应呢？

当时鲁国国都曲阜有这么几个人，一个是羊贩子叫沈犹氏。他大清早把羊喂饱喝足了，赶到市场上卖，把羊吃的草和喝的水都当成羊肉卖了，常年如此，所以是个奸商。还有个叫公慎氏的人，家道不修，他的妻子淫乱放荡，在当时也是人所皆知的丑闻，但是这个公慎氏就是不管。还有一个叫慎溃氏的人，平时也是胡作非为，违法乱纪，是个流氓。除这三人外，还有一些牛马贩子，也是随意哄抬物价，扰乱市场，谋取暴利。

这种情况说明：第一，鲁国的治安不好；第二，鲁国当时的民风也不是很好。但这些人得知孔子当上大司寇后，都十分紧张。因为他们知道孔子是位讲究道德、坚持原则的人，任中

---

① 《吕氏春秋·先识览第四·乐成》："麑（mí，幼鹿）裘而韠（bì，蔽膝），投之无戾；韠之麑裘，投之无邮。"

都宰时还在整顿治安方面下过一番工夫,并且取得了很大的成效,所以他们都收敛了自己的行为。沈犹氏不敢再在出售羊的当天早上把羊肚子灌满,公慎氏同他老婆离了婚,慎溃氏赶紧离开了鲁国,牛马贩子们也不敢乱涨价了。孔子刚刚上任,还没有通过刑罚的手段,仅用自己的威望便让整个社会风气面貌一新。①

慎刑与无讼

据《孔子家语·好生》记载,在做大司寇的时候,孔子每一件案子都非常慎重地处理,考虑得非常周到。为了不出现差错,他总是和下属、同事们一起认真讨论案情,然后鼓励大家提出处理方案,听取他们的处理意见,再择善而从,这体现了孔子慎刑的思想。孔子认为,大多数人的犯罪,都是被生活所迫,被统治阶级逼的,跟国家的政治有关,跟社会的整体不公有关。

所以虽然官居司寇,但是孔子并不喜欢把人民看成寇,即便是那些犯了法的人。他觉得绝大多数百姓在本质上都是善良的。关于治理国家,孔子有自己独特的主张。他认为,如果对

---

① 《荀子·儒效》《新序·杂事》。

民众用政策去引导他们，然后用刑罚去整顿他们，虽然能使他们暂时幸免罪过，但是他们还是没有羞耻之心；反之，若用道德去引导，用礼节去整顿，人民就"有耻且格"，他们不但会有羞耻之心，而且还会自觉地走正路。①

这段话实际上显示出孔子一个非常伟大的政治思想：好的政治，不是管理人民，而是提升人民。不是把人民当愚民来管制，而是要人民有体面地有尊严地生活。

孔子做司寇时的一些做法，对中国几千年的法律制度产生了重大的影响。比如说，他对案件的审理非常慎重——"慎刑"。这种慎重不仅仅是他仁爱的表现，而且在具体的做法上，他倾向于用调解的方式，而不是随便地诉诸法律。

《荀子·宥坐》和《孔子家语》记载：曾经有一个案件，父亲告儿子不孝。但是孔子把这个案件放到一边，不去判它，搁置了好几个月。当然，在这几个月里面，孔子可能做了父子俩的调解工作，最终父亲愿意撤诉，孔子就不立案了，事情就这样了结了。很多人对此都不理解。鲁国的执政季桓子就很不高兴，他找到孔子说，你这个司法部长当得有问题啊，我们现在就是要通过这种典型案例，来倡导老百姓孝顺。有这个典型

---

① 《论语·为政》：子曰："道之以政，齐之以刑，民免而无耻。道之以德，齐之以礼，有耻且格。"

案例你为什么不好好利用，反而让案子不了了之呢？

孔子解释说，如果一个国家的当政者，自己的道德品质不高，动不动就去杀老百姓，这是不符合公理，也是不符合道义的。如果一个国家的当政者，平时没有好好地教育人民去孝顺父母，等到他们不孝顺的时候，就对他们定罪，这就相当于把一个无辜的人给杀了。我们不能做这样的事。①

长期以来，中国法院采取调解方式处理民事、经济纠纷，形成了颇具特色的调解主导型民事审判方式。这种方式在国内深入人心，在国外也被称为"东方经验"，有中国的特色。这一"东方经验"，无疑应该追溯到孔子，追溯到二千五百年前鲁国的这一位司法部长的法律实践！

《论语·颜渊》记载了孔子有一句很有名的话：

听讼，吾犹人也。必也使无讼乎！

如果仅仅是去审理案件，我和别人不就一样吗？我的理想是要让天下没有诉讼！作为鲁国的大司寇，孔子的理想是，一个国家没有刑律，没有监狱，不需要什么人来司寇。寇，原来都是良民，是不良的政治和社会的不公正把善良的百姓逼成寇的，所以，改变盗寇不如改变政治。孔子的理想不是去做个

---

① 《孔子家语·始诛》引《荀子·宥坐》："上失其道而杀其下，非理也。不教以孝而听其狱，是杀不辜。"

好的法官，而是去做个好的导师，他要引导人民有仁德，讲信用，从而彻底地消除诉讼。这就是孔子所说的"无讼"。

在《孔子家语·五刑解》里，讲到了古代所谓的五刑。五刑是针对五种常见的罪行而制定的五种刑法：盗窃、不孝、犯上、斗殴和男女淫乱。有一天，孔子的弟子冉求来问："老师啊，我听说古代的三皇五帝从来不用这五刑，真有这回事吗？"

孔子说：

> 圣人之设防，贵其不犯也，制五刑而不用，所以为至治也。

圣人制定法律，不是要惩罚人民，而是有了法律，让老百姓有所畏惧，不去犯法，最终达到不用刑罚的目的。因此，国家——

虽然有惩处盗窃的法律，但是从来用不着。为什么呢？政治好了，老百姓就不需要去偷窃了；

虽然有惩治不孝的法律，但是也从来用不上。为什么呢？因为通过教育，老百姓都很孝顺，没有人不孝；

虽然有惩罚犯上作乱的刑法，但是也从来用不上。为什么呢？因为人们安居乐业，都不愿意起来造反；

虽然有惩罚人与人之间互相斗殴的法律，但是也从来用不着。为什么呢？因为人与人之间都很和睦，大家没有什么尖锐的冲突，不会发生严重的刑事案件。

虽然有惩治男女淫乱的法律，但是通过教育，全民道德风气都很好，也没有人犯淫乱之罪，所以这种法律也用不上。

最后，孔子的结论是：制定刑法，目的不是惩罚人，而是告诫人，让人知道是非礼仪。相关的法律，如果没有地方用，恰恰说明这个国家是好的。

孔子还说，我们在制定法律时，一定要明白所有犯罪行为的发生都有其根源。这个根源就是社会整体的政治状况。这取决于统治阶级如何治理。我们如果不从统治阶级那里找根源，我们永远也无法彻底地解决社会治安问题。①

好生恶杀

有一次，弟子子张问孔子：老师，我在从政时要注意哪些方面？孔子说：一定要杜绝四种恶政。其中有三种都跟法律有关。他讲：

> 不教而杀谓之虐；不戒视成谓之暴；慢令致期谓之贼。②

① 《孔子家语·五刑解》。
② 《论语·尧曰》。

意思是，作为执政官，对人民不加以教育引导，等到人民犯了罪，再加以杀戮，这叫暴虐；人民已经在往邪路上走了，不告诫，不警告，等他犯下罪行以后，再逮起来加以惩罚，这叫残暴；很晚才下令制止，故意等人民触犯律条，这叫贼害。

孔子对用严刑峻法镇压人民尤其深恶痛绝。《汉书·刑法志》上引述了孔子这样的话：

> 今之听狱者，求所以杀之。古之听狱者，求所以生之。

意思是说，现在整个的司法界有一种很坏的趋向：在审理案件，面对一个被告的时候，法官的趋向是要找出被告的罪行，然后加以惩罚。而古代的司法官在面对犯罪嫌疑人时，会尽量找出能够赦免他的理由，然后赦免他。

实际上，古人不一定是这样做的，但是孔子的确是这样做的。据《孔子家语·好生》记载，孔子晚年时曾告诉鲁哀公，舜的政治最大的特点是：好生而恶杀。所以他把天下治理得那么成功。这句话实际上是在提醒鲁哀公，要向舜学习，不要动不动就杀人。

对于鲁国的执政季康子，孔子也提出过严厉的批评。有一天季康子问孔子："我能不能把那些不遵守国家法律的、道德品行败坏的人，杀掉一批，然后引导人民走上正道？"孔子说:"您执政,哪里用得着杀人呢?您要从善,百姓也会从善。君子的品德是风,小人的品德是草,草往哪边倒,不是草的责任,是风的责任!"①

孔子的学生,在这方面受孔子影响的有很多。其中有两件事情非常感人。

第一件,据《孔子家语·致思》记载,孔子弟子高柴,字子羔,曾经在卫国做士师,掌管刑狱,依法砍了一个人的脚。后来卫国发生了"蒯聩之乱",高柴赶紧逃跑,可是逃到城门口,却发现看守城门的正是那个被他砍了脚的人。

出乎意料的是,那人不计前嫌,将高柴藏在一间屋子里,躲过了乱军的搜捕。当高柴走出隐身之处,询问那人缘由时,那人说:"您砍断我的脚,本来是我罪有应得,这是没办法的事。当时您用法令来治我罪时,先将别人治罪,而把我放在最后,目的就是想让我免于刑罚,这我是知道的。当确定我有罪,即将行刑时,您脸色忧愁不乐。看到您这样的脸色,我就知道了您的心思。您哪里是偏爱我,您是天生的君子,这样的表现完全是出于您善良的本性。这就是我之所以帮您逃脱的原因。"

孔子后来听说了此事,就夸奖高柴在使用刑罚时心怀仁

---

① 《论语·颜渊》:季康子问政于孔子曰:"如杀无道,以就有道,何如?"孔子对曰:"子为政,焉用杀?子欲善,而民善矣。君子之德风,小人之德草。草上之风,必偃。"

义，能公正地执行法令。

第二件，是《论语·子张》里记载的有关曾参的。曾参有一学生叫阳肤，要去做士师。阳肤就请老师给予指导。

曾子告诫他说："如今，政治失去道义，百姓的心也离散很久了。你作为司法官，如果明晓了百姓犯罪的事实，应当是哀伤怜悯他们，决不要为自己破了案而沾沾自喜！"

是的，当国家混乱到人民无法按正道来生存，无法守法地生存时，他们的犯罪引起我们的，可不就是这悲天悯人之情？而有这种情感的人，岂不就是真正的君子？

当曾子说这话时，他的内心一定充满了博大的悲悯。这种情怀显然深受他老师孔子的影响。而此时，他又传递给了自己的学生。一脉温情，满腹仁爱，就这样代代相传！这是孔子留给我们的一笔很重要的精神遗产。

孔子任鲁国司寇，实际也就三年左右。他不仅取得了现实的成功，更为几千年的封建司法，提供了一种伟大的人道传统。这传统就是："慎刑"、"无讼"与"仁道"！直至今日，这一传统仍然穿越历史的时空，熠熠生辉。

第三节

攘外安内

孔子从政,改变了鲁国政坛的混乱局面,使鲁国呈现出一派蒸蒸日上的景象,出现了走向强盛的势头,引起了邻国齐国的担心。齐国君臣意识到一个强大的鲁国会对齐国的安全造成严重的威胁。

两面讨好

据《史记·孔子世家》记载,齐国有个大夫叫黎鉏(chú,有的文献记为犁弥),他对齐景公说,鲁国现在重用了孔子,必将强大。从长期来看,鲁国的强大必然会对齐国造成威胁。

齐国在经过了一番斟酌以后,就提出要和鲁国国君举行一次会谈,改善两国之间关系。

鲁国是个弱小的国家,它的东边是向来以大国自居的齐国,西边有长期强盛的晋国。此前,鲁国的外交政策是倒向晋国一边,和齐国的关系一直比较紧张。到了齐景公的时代,齐国又逐渐强大起来,和晋国开始争夺对中原地区的控制权。就在鲁定公九年,也就是孔子出任中都宰的那一年,齐国进攻晋国,攻占了晋国的夷仪(在今河北邢台市西)。

这次军事行动表明,齐国在崛起,晋国在逐步地走向衰落。而像鲁国这样弱小的国家,在春秋末年这个乱世,必须依附于某个强大的国家。此前,鲁国依靠晋国的保护。现在,随着齐国的强大,鲁国意识到,必须和齐国改善关系。因此,在这种情况下,鲁国很痛快地答应了齐国的提议,决定在齐国境内一个叫夹谷(靠近鲁国的北部边境)的地方与齐国会谈。这就意味着,鲁国国君必须离开鲁国到齐国去见齐国的国君,这事本身就说明齐的强大,鲁的弱小。

夹谷曾经是莱国所在地,是莱人聚居的地方。莱国被齐灵公所灭,并入了齐国。会谈地点选在这个地方,齐国是有预谋的。

会前,鲁国决定由孔子担任礼相(礼仪总指挥),陪同鲁定公赴会。鲁自"三桓"专国以来,鲁君历次出席诸侯会盟均由"三桓"为相辅行。这次改由孔子担任,根据钱穆《孔子传》的推测,大概是他们面对如此重要的会谈没有成功的把握,担心如果陪同国君赴会而会谈失败,会弄得很不体面,损害自己在国人心目中的形象。而孔子无疑是替代他们此行的最合适人选:他位居大夫,谙习礼仪;早年到过齐国,与齐国君臣有过交往,情况比较了解。

这确实是个严峻的考验。孔子将陪同鲁定公赴会的消息传到齐国后,齐大夫黎鉏对齐景公说:孔丘只懂礼仪而不懂军事。两君相会时,如果派莱人以武力劫持鲁定公,必定能达到目的。齐景公竟然听从了他的意见。

而孔子对此早有防备。他在出行前对鲁定公说:"有文事者必有武备,有武事者必有文备。古时候诸侯出国,一定带领文武官员随从。我请求您一定带上左右两司马同行,以随带兵车士卒护送。"鲁定公听从孔子建议,加派了军队和军事长官。①

黎鉏大概不知道,孔子曾经说过一句话:"仁者必有勇。"②仁德的人必定具有道德勇气,而勇于敢为;且所勇于敢为之事,必定是正义的事业,所谓"见义勇为"。而且,孔子出生

---

① 见《孔子家语·相鲁》《左传·定公十年》《史记·孔子世家》相关记载。
② 《论语·宪问》。

于武人之家,身长九尺六寸,精通射御,不是个书呆子。

斗智斗勇

就让我们来看看孔子在这场"鸿门宴"中的表现吧。

会场设在一处较空阔的地带。地面上临时搭起三级台阶的土台,环台而筑一四方土院,院的四边各设一门。齐景公和鲁定公见面礼毕,相互揖让登坛就席,双方随行人员依次列于下阶。会晤过程中,举行献礼后,齐国执事者马上提议表演当地舞乐助兴。

只见一群莱人手持旗旄以及矛、戟、剑、盾等兵器鼓噪而至,直接冲向鲁定公。孔子见此情景,自己抢先登坛保护鲁定公避让。由于心急,他也顾不得登坛礼节,三级台阶一两步就跨上了,还一面大喊鲁国卫队:"赶紧上来保卫国君!"

用自己的身体护定鲁定公后,他转过头来,严厉地责问齐景公说:"两国君主友好相会,而裔夷之俘(臣服于中原的外族俘虏)用武力来捣乱,您齐君决不会用这种手段对待诸侯吧?边鄙荒蛮之地不能谋害中原,四夷野蛮之人不能扰乱华人,俘虏囚犯不可侵犯盟会,武力暴行不可威胁友好。您今天的所作所为,于神灵是不祥,于德行是失义,对人是无礼,您齐君不会这样做吧?"

此时的孔子,可谓勇敢、智慧、道义集于一身。

齐景公心亏,不能作答,连忙命莱人离开。黎鉏等人见劫持鲁定公未遂,于是在两国盟誓时,又单方面在盟书上加了一句话:齐师出国征伐,而鲁国不派三百辆兵车相随,就会像盟书所要求的那样受到惩罚!

孔子也立即派鲁大夫兹无还答道:齐国如果不归还我鲁国汶阳之田,而要我们鲁国供应齐国所需,也同样要受条约惩罚!

夹谷之会是鲁国由从服于晋转而从服于齐的开始。春秋列国时代,小国从服于大国,这是不可避免的。在晋国的影响日益削弱的形势下,鲁国从服于齐也是比较明智的外交策略。

一个人的胜利

会盟结束,齐景公回去后,非常害怕又非常生气,觉得这次会盟,在礼仪上齐国是失礼的,而且也没有得到什么实质性的好处。他对群臣说:"鲁国的孔子,他用君子之道辅佐国君,而你们是用夷狄之道来辅佐我,把我往邪路上引。现在我失礼得罪了鲁国,我在诸侯之间没有面子,你们看怎么办?"

一位大臣对齐景公说,君子如果要向别人道歉,那就应该拿出一些实质性的行动来。这次我们齐国确实做得不光彩,我们要向对方表示歉意,那么我们就该照他们的要求,把汶阳之田还给他们。

于是齐国把他们占领的鲁国的土地送还了鲁国。

这些土地送还鲁国以后,鲁国在这个地方建了一座小城,取名叫谢城。谢就是道歉的意思,因为这个土地是齐国为了向鲁国表示歉意还给鲁国的。而这个歉意的得到主要靠的是孔子,所以把它取名为谢城,还有要用这座城来纪念孔子对鲁国所做出的贡献的意思。①

我们要思考的是,在齐鲁之间的角力中,鲁国有什么优势?它靠什么在如此重要的双边会谈中取得如此重要的成果,最大限度地维护了国家的利益与尊严?靠的就是孔子个人的智慧、勇敢和道义的力量。

夹谷之会的胜利,几乎可以说是孔子一个人的胜利;这场看不见烽烟的战争,几乎是孔子一个人的战争。并且,他在别人看不到胜利希望的地方,建立了自己的功勋。当"三桓"面对这样几乎一边倒的双边会谈,悲观消极、避之唯恐不及时,

---

① 夹谷之会,见《左传·定公十年》《孔子家语·相鲁》《史记·孔子世家》《公羊传》《穀梁传》等相关记载。

孔子挺身而出，这就是"见义勇为"，就是他所说的"事君能致其身"[①]。这也就是他的学生子张说的"士见危致命"[②]。这也就是他的学生曾子说的："可以托六尺之孤，可以寄百里之命，临大节而不可夺也。"[③]

助理国相

夹谷之会，显示了孔子的坚毅、机智的品格和卓绝的政治才能，大大提高了他的声望。鲁国君臣也认识到了孔子的重要性。会盟后不久，孔子再次得到了提升，由大司寇身份"行摄相事"，也就是助理国相。当时的国相就是季桓子，孔子"行摄相事"就是协助季桓子处理国政。

这个时期，子路也受重用，出任季氏家总管，就是阳货原来的岗位。所以师徒二人，在鲁国都有了实权，都进入了鲁国的政治核心。这是孔子政治生涯中的巅峰期，对他来说无疑也是实行其主张和理想的最好机会。

这个时期，孔子抑制不住内心的兴奋，脸上常常喜气洋洋。一个学生就说，老师啊，以前我常常听您讲"君子祸至不

[①] 《论语·学而》。
[②] 《论语·子张》。
[③] 《论语·泰伯》。

惧，福至不喜"，现在您得高位而喜，为什么呢？孔子说，你讲得有道理，我以前确实说过这句话，但是还有一句话你可能没听说，就是"乐以贵下人"。身居高位，不为自己谋利益，而是为普通大众谋福利，并且谦虚下人，这不是令人愉快吗？①

此时的孔子，俸禄很高，他常常拿出点钱来救济贫苦人。孔子有一穷学生叫原宪，孔子想要改变他的经济状况，就让原宪给他做管家。孔子给他多少报酬呢？"与之粟九百"。关于"九百"有两种说法，一说是给他九百斗小米，一说是给他九百石小米。九百斗，在当时，可以养活十个人整整一年。如果说是九百石，就可以养活一百个人。原宪觉得不大好意思，就推辞说："太多了。"孔子说："收下吧，如果你真觉得多了，也可以拿来救济你的那些穷乡亲啊。"原来，孔子给原宪这么多，也是想通过原宪能给他的穷乡亲们一点接济呢。②

拆了他的城

但是，不久，鲁国又出了件大事，那就是侯犯之乱。

"三桓"之一的叔孙氏，有一个采邑叫郈(hòu)邑。当

---

① 《孔子家语·始诛》。
② 《论语·雍也》。

时，像季孙氏、孟孙氏、叔孙氏这些大夫，他们每个人都有自己的封地。他们往往派家臣到封地去代为管理。管理什么呢？修建城池，招募人马。渐渐地，这些地方就变成了一块块割据的小据点了。这些据点对国君是很大的威胁。但是，对于这些大夫本人也同样是威胁。郈邑的主管叫公若藐。叔孙氏新继位的宗主武叔懿子不喜欢公若藐，于是他就派侯犯把公若藐杀了。但是侯犯杀了公若藐后也不听武叔懿子的话，开始占据郈邑造反了。武叔懿子亲自带着军队去攻打，但攻了几次竟攻不下来。不过最后还是想了其他的办法，从内部攻取，平息了侯犯之乱。

这件事给叔孙氏，也给季孙氏、孟孙氏一个很大的警醒。"三桓"经营三邑，本来是为了加强自己的实力，但结果反受其害。阳货、侯犯之乱提醒人们：在家臣势力日渐强大的情况下，这样的私邑容易被其中的野心家所利用，成为陪臣执国命的支柱；或直接成为叛乱根据地，威胁邑主和国家的安全。处理侯犯事件时，武叔对驷赤说：郈邑不仅是我们叔孙氏的愁事，也是国家的祸患。这话反映了鲁国君臣耿耿于怀的普遍忧患。因此，解除这种威胁，已势在必行。

我们知道，鲁国的政治，最大的问题在于"三桓"的私家势力太大，而国君的公室权力太小。对内，损害了人民的福利；对外，损害了鲁国的强大。孔子对此深有体会。上一任国君鲁昭公的命运，就是个活生生的例子。

现在，孔子终于有了机会可望解决这样的政治问题了。首先，夹谷之会的胜利使鲁国在一定时间内赢得了较为安全的国际环境；其次，他代摄相事，有了这样的权力——不在其位，不谋其政，但在其位，就要谋其政；第三，侯犯之乱，给了他一个很好的借口和机会，他可以以此说服"三桓"支持他。

为此，鲁定公十二年，公元前498年，孔子提出"堕（huī）三都"的建议，主张把郈、费、成等三邑的城墙拆除。他援引古制，认为这三邑的城墙都超过了规定，拆除三邑的坚固防御设施，可以防止侯犯之事再起，并借此清除盘踞在费邑的阳货余党。对此，季孙氏、叔孙氏表示同意，孟孙也不反对。"堕三都"还有抑私家、强公室的用意，即借此削弱"三桓"的实力，以加强鲁君对国家的统治，所以也受到鲁定公的积极支持。当时，子路任季氏家总管，所以"堕三都"的计划就由他代表季氏安排实施。

堕郈、堕费均在这年夏秋之际进行。堕郈进行得比较顺利，因为那里的叛党侯犯已于两年前逃亡。

但是，堕费就碰到大问题了。堕郈的举动惊动了盘踞在费邑的公山不狃、叔孙辄等人，他们意识到费邑也会遭到同样对待，于是先发制人：在堕费之前，抢先带领费人偷袭国都。鲁定公和季桓子、武叔懿子、孟懿子等人没有防备，匆匆逃到季氏家中高台上抵抗。公山不狃等人追至台下强攻，有的箭还射到了鲁定公身边，情况十分危急。

季孙氏作为邑主，拆除本邑还被家臣偷袭，说明当时这些家臣盘踞城邑，对邑主并不完全服从。家臣与大夫的关系，是大夫与诸侯关系的复制，正如同大夫与诸侯关系是诸侯与天子关系的复制。当时的天下，确实没有了秩序——旧的秩序已经崩溃，新的秩序还远远没有出现。

孔子得到消息后，命鲁大夫申句须、乐欣率部反攻，把费人打退。城内居民也迅速拿起武器，乘势追击，彻底打败了费人。公山不狃、叔孙辄逃到齐国。事件平息后，季桓子、孟懿子率师堕费，子路荐举孔子的学生高柴担任费宰。

功败垂成

堕成被安排在最后。成邑位于鲁北境（今山东省宁阳县北），距齐国边境不远。堕成遭到成邑宰公敛处父的反对。公敛处父在阳货事件中戡乱有功，深受孟孙氏器重。他对孟懿子说：毁掉成邑，齐人就可以无阻挡地直抵鲁国北门。成邑又是孟孙氏的保障，没有成邑，也就没有孟孙氏。您就假装不知道，我将不去毁它。

公敛处父这席话道破了孔子"堕三都"的要害，即抑三家以强公室的政治目的。如果说堕郈、堕费由于侯犯、公山不狃等人犯上作乱而使这一目的受到掩盖，但当公山不狃等人被清除之后，再去堕成邑必然会使孔子更深层的用意暴露。所以公敛处父的话，立即让孟懿子领悟过来。孟氏少时学礼于孔子，但事关切身利害，也只好不顾尊师旨意，于是对堕成邑按兵不动。"堕三都"的深意，大概也被季孙氏、叔孙氏觉察，所以他们对孟孙氏的消极态度也不干预。堕成邑的计划就这样拖到这年十二月，最后只好由鲁定公单方行动，结果失败而归。

"堕三都"是孔子在公室微弱、权力下移、政局动荡不休的形势下，试图加强公室以实现国家安定与统一的重要一环。堕成邑的失败，说明"堕三都"以强公室的任务要依靠"三桓"去实行，无异与虎谋皮。孔子达到堕郈、费两邑的结果，已经算是非常成功。但是，"堕三都"引起了孟孙氏的反对和季孙氏、叔孙氏的疑虑，为孔子的政治前途埋下了深重的隐患。子路也在此时因为公伯寮的谗毁而失去了季氏家总管的职位。孔子在鲁国政坛开始陷入了困境。

第四节

去鲁适卫

在鲁国政坛，孔子从中都宰做起，到小司空，再到大司寇，最后"行摄相事"，一路推行自己的政治方略，可谓游刃有余，一帆风顺。他和执政贵族季桓子的关系也一度颇为融洽。史籍称孔子"行乎季孙，三月不违"①，说明他们最初合作得很不错。但由于"堕三都"一事，令季桓子警惕起来。他猛然醒悟到孔子采取的一系列政治措施，都是在增强公室的实力，削弱他季孙氏和叔孙氏、孟孙氏的力量，是一心想要恢复周礼规定的政治秩序。

① 《公羊传》定公十年、十二年。

好色不好德

季桓子开始对孔子不满，以至孔子因为公务几次去见他时，他都表现冷淡。孔子在鲁国的内忧日益浓重了。

不仅有内忧，孔子还有外患。这外患就是齐国。夹谷之会前，齐国就认识到，只要孔子在鲁国政坛，鲁国就一定会强大；鲁国强大，对齐国就一定会有威胁。而今，在夹谷之会上，齐国君臣又亲眼目睹了孔子那几乎无人匹敌的风采，危机感也就愈加深刻，愈加强烈了。

据《史记·孔子世家》记载，齐景公一再跟大臣们提及这一心头的忧患，并且商议着要给鲁国送点土地，拉拢拉拢。这时候，还是那个黎鉏出了个主意。他说，我们先想办法阻止孔子在鲁国当政。阻止不了，再给他送东西套近乎也不晚。

用什么样的办法来阻止孔子呢？黎鉏等人出了一个非常下流的主意：给鲁国国君和季桓子送十六名美女去，再送一百二十匹良马。[①]估计一开始季桓子和鲁定公还顾及面子，不好意思直接收下。于是，齐国送礼使团就驻扎在鲁国国都曲

[①] 《史记·孔子世家》、今本《孔子家语》言女乐人数为八十，疑不确。《太平御览》引《孔子家语》为"二八"，即十六人，正是古代乐舞二佾之数，也符合古代赠送之礼，当从。

阜城的南边，让这些美女们天天在那里唱歌跳舞。季桓子忍不住，便化妆成普通百姓，穿上便装去看。一连看了三次，弄得馋涎欲滴，流连忘返。回来就怂恿鲁定公自己去看。鲁定公就假装巡视，去看歌舞，"往观终日，怠於政事"。[①]最后，和季桓子拍板，照单全收。

这件事情对孔子的打击非常沉重。多年后，孔子说了一句话："吾未见好德如好色者也"，这句话跟季桓子、鲁定公的行为是有关系的。

孔子的弟子，尤其是子路就更看不惯了。子路非常耿直，说："老师，国君和执政都太不像话了，我们走吧。"

孔子还是有点舍不得，他好不容易有今天的地位和机会，可以去实现自己的政治理想。于是，他说，再等一等，鲁国马上就要举行郊祭了，郊祭完以后，按规定祭肉要分送给大夫们，看他们到时分不分给我祭肉。如果分给我，说明还把我当做大夫，还愿意重用我，我们还可以在这儿做；如果不送给我，那时我们再离开。

鲁国的郊祭大典举行了。结束后，分送祭肉，果然没有送给孔子。前文讲过，季桓子不愿意见孔子，信号已经很明确

---

① 《史记·孔子世家》。

了。现在鲁定公又不送祭肉给孔子,国君的信号也很明确了。孔子实际上是被鲁国的政坛抛弃了。

一步三回头

鲁定公十三年,孔子想离开鲁国了。既然鲁国不能实行自己的主张,为什么不可以到别国去寻找出路呢?

于是孔子收拾行装,赶着马车和弟子们到卫国去。一路上走得很慢,弟子们埋怨他:"老师啊,为什么走这么慢?您以前在齐国,齐景公不用您,您跑得那么快,米都下锅了,您都不等吃完再走;现在离开鲁国,您怎么走得这么慢?"

孔子说,这不一样啊。在齐国我是客人,主人不欢迎客人了,客人当然得赶紧走。鲁国是我的父母之邦啊,我舍不得啊!①

孔子还想看一看,季桓子和鲁定公会不会派人来挽留他。

此时此刻,孔子的心情可以想象,也非常值得同情。圣人不是永远都强大的。对于圣人,我们不是永远都只是崇拜和仰望,在有些时候,我们甚至对他是同情:圣人在很多时候比我

---

① 《孟子·万章下》:孔子之去齐,接淅而行;去鲁,曰:"迟迟吾行也,去父母国之道也。"可以速而速,可以久而久,可以处而处,可以仕而仕,孔子也。

们一般人还要弱小、软弱，还需要关怀。

孔子一行来到鲁国边境，停宿在一个名叫屯的地方。刚好遇到季桓子派出的一名叫师己的乐官，是专门来为他送行的。

师己见了孔子，又尴尬，又同情，说："事情弄成这样，不是您老人家的过错啊！"

孔子一看师己只是来送行，而并非挽留，就觉得没必要再说什么。就说："我唱支歌儿给你听吧？"于是他一边抚琴，一边唱道：

美人一张口，可把人逼走；

美人一发话，你就败国家。

优哉复悠哉，聊以度年华。①

师己回去后，把见面情况如实报告给了季桓子。季桓子懂得孔子作歌是批评他接受齐人女乐。对孔子离去，他不愿挽留，但又觉得惋惜，不禁叹了口气说，这是孔子因为我接受那群女人而怪罪我啊！

就这样，已经五十五岁的孔子离开了祖国，开始了其漫长的周游列国生涯。

孔子于公元前497年春（定公十三年）开始周游列国，至

---

① 《史记·孔子世家》：孔子曰："吾歌可夫？"歌曰："彼妇之口，可以出走；彼妇之谒，可以死败。盖优哉游哉，维以卒岁！"

公元前484年（哀公十一年）秋回到鲁国，十四年里，到过卫、曹、宋、郑、陈、蔡、楚等七个国家。有的国家待的时间极短，曹、宋、郑、蔡、楚，都只去过一次，甚至仅仅路过，与国君并无交往。主要在卫国和陈国。陈国居住近四年，而在卫国待的时间最长，居住了近十年。

卫灵公的脸色

卫国是孔子离开鲁国后所去的第一站。卫国和鲁国的国君都是文王的后代。鲁国始封国君周公旦和卫国始封国君康叔，不仅同为大姒（sì，文王妃）所生，而且是兄弟情分最深厚的两位。据《左传·定公六年》记载，卫国的公叔文子有言："大姒的儿子中，只有周公和康叔最为相睦。"[1]孔子也曾说过："鲁卫之政，兄弟也。"[2]鲁国和卫国的政治，就是一对亲兄弟。如此看来，卫国的政治、卫国的文化与鲁国的政治、鲁国的文化颇有渊源和相似之处。

而且，与许多国君相比，卫灵公还算是个过得去的国君。他"修康叔之政"。传说他出生时，托梦于人说："我，康叔

---

[1] 《左传·定公六年》载卫国人公叔文子言："大姒之子，唯周公、康叔为相睦也。"
[2] 《论语·子路》。

也。"被人认为是康叔的化身。他也是春秋时代执政最久的卫国国君，在位四十二年。在位期间，政治稳固，国家富有，人口众多。他尤其善于用人：有仲叔圉（yǔ）接待宾客办理外交，祝鮀（tuó）主管祭祀，王孙贾统率军队。此外，还有史鰌（qiū）、蘧伯玉、宁武子等贤臣。卫灵公时代的卫国，还真是一时人才之盛。晚年的孔子曾经对鲁哀公说，当今国君，卫灵公最贤。因为他最善于用人。①

除此以外，孔子之所以先去卫国，可能还因为卫国与鲁国的距离很近。当然更重要的是看中了卫国有关系，可以落脚。什么关系呢？子路的妻兄颜浊邹（颜仇由）在卫国做官，而子路的另一位连襟更是厉害：那就是非常得卫灵公宠信的弥子瑕。据《孟子·万章上》记载，弥子瑕的妻子和子路的妻子是姐妹。

孔子和弟子一进入卫国，就发现和当初进入齐国大为不同。孔子惊叹说："卫国人口众多啊！"冉有问："人口已经多了，下一步怎么做呢？"孔子说："让他们富裕起来。"冉有又问："富了以后，又该再做什么呢？"孔子说："教育他们。"②

---

① 《孔子家语·贤君》。
② 《论语·子路》：子适卫，冉有仆。子曰："庶矣哉！"冉有曰："既庶矣。又何加焉？"曰："富之。"曰："既富矣，又何加焉？"曰："教之。"

看来，孔子到卫国之初，还是抱着大干一场的想法和信心的。

卫灵公对孔子也不错。孔子一到卫国，卫灵公就"致粟六万"①，孔子一行人的生活问题解决了。但是政治上的前途却没有预想的好。原因是弥子瑕名声太坏，是个有名的小人，孔子不愿投靠他。

《孟子·万章上》中记载，弥子瑕对子路说："如果孔子寄居在我家里，卫国的卿位就可以得到。"子路把这话告诉了孔子。孔子说："一切由命。"②

既然孔子拒绝了弥子瑕的拉拢，弥子瑕就一定能够阻止孔子在卫国得到重用。小人的特点是什么？成事不足，败事有余。就这样孔子在卫国的政治道路被他阻断了。③

当然，关键原因还在于卫灵公本人。孔子和卫灵公，二者道不同，不相为谋。卫灵公那时，奉行一边倒政策，彻底倒向齐国，背离晋国，跟着齐景公，常年在外征战。他希望孔子能助他一臂之力，但是，孔子哪里会赞成诸侯之间的尔虞我诈、你砍我杀呢？

---

① 《史记索隐》谓"当是六万斗"。
② 《孟子·万章上》：弥子谓子路曰："孔子主我，卫卿可得也。"子路以告。孔子曰："有命。"
③ 《吕氏春秋·贵因》《淮南子·泰族训》《盐铁论·论儒》皆记孔子因弥子瑕见南子，以孔子一贯的立场，不可信。

有一天,卫灵公向孔子问军队怎样列阵。这既是向孔子讨教军事,也是借以探测孔子对自己"先军"政策的态度。孔子回答说:"礼节仪式方面的事,我曾听说一些;军队作战方面的事,我没学过。"卫灵公明白了,孔子不赞成他的政策。于是,第二天,和孔子说话时,卫灵公抬头看着天上的大雁,神色完全不在乎孔子在场。①

失落的孔子有一天在家里击磬。门口正好有个挑草筐的人经过,听到里边传出击磬声,这人就站着听了一会儿,然后就对之作了评价,说:"这个击磬的人啊,他的心里面有痛苦,有不平啊!"随后他再听了一会儿,又说道:这个击磬人的思想境界不高啊,敲出那样一种硁硁(kēng)的声音来,好像在发牢骚说:没有人了解我啊!没人了解你,你就坚持自己,想怎么干就怎么干不就行了,为什么还要发牢骚呢?然后这个挑草筐的卫国人又举了《诗经·邶风·匏有苦叶》上的话来加以说明:"深则厉,浅则揭。"意思是说:假如河水很浅,可以把裤脚卷起来趟过去,衣服可以不湿;如果水很深,卷起裤脚来也没有用,就干脆穿着衣服游过去。为什么还要有那么多的牢骚呢?

---

① 《史记·孔子世家》:他日,灵公问兵陈。孔子曰:"俎豆之事则尝闻之,军旅之事未之学也。"明日,与孔子语,见蜚雁,仰视之,色不在孔子。

这个卫国人的言外之意是：如果世道黑暗已深，不可救药，就干脆听之任之，甚至同流合污；如果世道有敝，但还能救，那就保持节操，拯济风俗。

显然，此人认为世道已经不可救药了，所以暗示孔子不要"知其不可而为之"，与世同沉浮，冷眼看天下。

孔子听到了，说："他真是一位决然忘怀世事的人啊！如果不能决然忘怀世事，要像他那样心静也很困难啊！"①

南子的美色

还有比卫灵公的脸色更让孔子难堪的"色"，那就是卫灵公的年轻、美丽、活泼、妖媚的夫人南子的"美色"。

南子是个有绯闻的名女人。她的绯闻出现得很早，在没有嫁到卫国之前，在宋国做姑娘时，就和宋国一个叫公子朝的帅哥有染。《左传》上对此的记载，语焉不详，但是有一条记载很难听，说是有一天，南子跟卫灵公说："我很想公子朝了。"卫灵公竟然把公子朝从宋国招来，让他和南子相会。

卫灵公的太子蒯聩，到齐国去，中途经过宋国，宋国的老

---

① 《论语·宪问》：子击磬于卫。有荷蒉而过孔氏之门者，曰："有心哉！击磬乎！"既而曰："鄙哉！硁硁乎！莫己知也，斯己而已矣。深则厉，浅则揭。"子曰："果哉！末之难矣。"

百姓看到卫国的太子经过,他们就故意唱一首讽刺的歌:"你们的小母猪,我们已满足她。我们的小公猪,何时能归还?"蒯聩听了以后,觉得非常羞耻,回来以后他就想把南子杀了。①

南子一听说孔子来了,很兴奋,很好奇,一定要见他。于是放出风声说:"凡是到我们国家来跟国君做兄弟的,我都要见一见。"逼着孔子去见他。

南子是个名声不好的美女,为了避嫌,孔子是不能见也不愿见的。但是南子一定要见孔子,君夫人召见,如果孔子断然拒绝,显得不合情理。结果,孔子虽然推辞,但不得已,只好硬着头皮去见了。

显然,孔子对南子这样的女人期望值不高,觉得她就是个任性的、我行我素的、不大照顾别人感受的人。去就去吧,应付一下。但是见了以后,竟然感觉还不错。

南子站在挂帘的后面,孔子也不可能直盯着看,就给她行礼。他感觉到南子跟他还礼了。因为他听到对面传来叮叮当当的清脆悦耳的玉石声,而且响了两次。

孔子心里一下子对南子有了好感,感觉她还挺懂事的,还知道还礼,而且还了两次礼。所以回来以后,就跟他的弟子们

---

① 《左传·定公十四年》。

讲:"我是不得已而见之,但是见了以后,她还挺懂礼节的。"这话里既是为南子说好话,也是为自己辩护。意思是这件事做得还不是太坏。这是孔子心虚的表现。

子路对老师去见南子,非常不高兴。孔子回来还说南子的好话,他更是不高兴。他的脸拉得老长,给孔子看。孔子看了卫灵公的脸色,看了南子的美色,现在,他还要看子路的脸色。孔子本来心就虚,一看到大弟子脸拉这么长,就急了,赶紧对天发誓:"予所否者,天厌之,天厌之!"① 意思是说,如果我孔丘做了什么不该做的事情,让上天来惩罚我,让上天来惩罚我!

子路太认真了。这种事,就怕认真。不认真,不是个事;一认真,就是个事。还是说不清的那种事。所以,逼得孔子只好对天发誓。

古今第一绯闻

其实呢,见一下也没关系。

第一,合乎礼。按照《论语》的说法,国君的妻子,国君

---

① 《论语·雍也》。

称她为"夫人",夫人自称为"小童";国内的人称她为"君夫人",在对其他国家的人说到时就称为"寡小君";其他国家的人也称呼她为"君夫人"。那个时候,外国客人见"君夫人",是可以的。①

第二,无不见之礼。君夫人一定要见你,君也不反对,一个外来客人,哪有拒绝不见之礼呢?所以,子路太较真了。

第三,见了又怎样?见一个有绯闻的女人,又不是和她去搞绯闻。这是孔子的思路。但是,孔子可能不明白:绯闻不是搞出来的,而是传出来的。绯闻绯闻,不闻不绯闻,一闻就绯闻。反正孔子的这件绯闻,传了两千多年,是旷古及今第一大绯闻。

其实,孔子真是冤哉枉也。他刚刚在鲁国,被齐国的美人计赶出来。美人被定公、季氏接收了,他出国了。美人计美人计,别人得美人,他中计。现在,他到卫国,却又陷入了美人的温柔陷阱。

南子此时三十多岁,孔子当时已经五十六岁。

南子多情,浪漫,而此时的孔子,高大健壮,成熟稳重,学识渊博,名声远播。这一切对于一个三十多岁的少妇,有吸

① 《论语·季氏》。

引力是可以理解的。何况卫灵公此时已经垂垂老矣了呢。

如果女人的魅力来自于单纯天真，男人的吸引力往往来自于饱经风霜的磨炼。所以，孔子对南子，绝无他意；南子对孔子，未必无意。但是，双方悬隔太大，阻碍太多，即使像南子这样敢于想入非非的女人，也不会对孔子产生非分之想。至多有一些向慕之意，愿意多和孔子见面说说话而已。但南子对孔子的这份好感，倒让孔子很困惑，并倍感骚扰。

一个多月后的一天，卫灵公和南子坐在马车上，旁边还站着个宦官雍渠。那时的宦官，不一定阉割。实际上，这个雍渠乃是卫灵公的男宠。这三个人在第一辆车上，招摇过市，而让孔子坐在第二辆车上，一同出行。孔子觉得太没面子了，可能心里在想："你国君身边，一个女色一个男色，把我放在后面，这算什么事？"

所以，司马迁说："孔子丑之。"孔子以之为耻，然后说了一句流传千载的难听话：

吾未见好德如好色者也。[1]

因为美色的祸害而离开鲁国的孔子，又因遭遇美色而深感羞耻。确实不能再待下去了，只好选择离开。但是，普天之

---

[1]《史记·孔子世家》《论语·子罕》。

下，诸侯虽多，又有几个脸色是好看的，又有谁不贪恋美色，又有谁不是齐景公、鲁定公、卫灵公之类；而诸侯身边的大臣们，又有多少人不是季桓子、弥子瑕之流？孔子又能去哪里呢？哪里能找到舒心之地呢？

六十耳顺

第一节 — 避人救世

第二节 — 大德容众

第三节 — 圣者多情

第四节 — 仁者担当

第一节

避人救世

孔子满怀希望来到卫国，卫国的富庶和繁荣让他赞叹，但卫灵公的脸色却令他尴尬，南子的美色又让他难堪。在周游列国的过程中，他可以不在意诸侯对他个人的礼遇，但他在意诸侯对他的政治理想的态度，对他一心渴望复兴的周王朝礼乐文化的态度。

一副热心肠

他曾经讲过这么一段话：

贤者辟世，其次辟地，其次辟色，其次辟言。①

贤德的人啊，往往是避开人世的。次一等的呢？避开一个地方。孔子离开鲁国，就叫避地。鲁国不适合他了，就离开；卫国不适合他了，就离开；陈国不适合他了，他再离开；楚国不适合他了，他还是离开。他一直在避地。

地有什么问题？还是人的问题，是国君的问题。国君的问题往往表现在语言和脸色上，所以"其次辟色，其次辟言"。有人因为国君说了难听的恶言而避开，但言可能有失，未必国君真的是恶人。而一旦脸色难看，对待自己已经没有了礼貌，这就说明他真的厌烦了自己，不会听从自己的主张了，这时要避开他。有甚者，不仅是国君不好，整个国家都被弄得混乱不堪，在这样的国家显然已经不可能有所作为，那还是离开吧。更甚者，不仅一国混乱，整个天下都一片黑暗，没有一个国家可以实行自己的主张了，就只能彻底心灰意冷，避世而去，做个隐士。

避言，避色，都是躲开某一特定的人，可以称之为"避人"。"避人"的人还不绝望，因为他认为还有别的国君能实行他的主张。避地比避人进了一层，整个国家都已无可救药，

---

① 《论语·宪问》。

只好离开。避世者更绝望,天下无一人、无一地可以实行他的主张,他只能避世而去,与世隔绝了。这就是隐士,隐士是彻底冷了心的人。

而孔子则是终生一副救世的热心肠。当年,他离开齐国,是避开齐景公;离开鲁国,是避开季桓子和鲁定公;离开卫国,是避开卫灵公。这都是避人。孔子一直坚持不避世,他不是贤者,而是圣者!圣贤圣贤,圣在贤之上啊!

避人还是避世,这也正是儒家和道家的区别。孔子的儒家,就是要纠缠于世道之中,介入当下的纷争,为正义而战。这也正是孔子的儒家精神,也是孔子心目中士的精神。以前的士,只是一种职业;孔子以后的士,就志于道了,担当起了"仁"的历史使命。所以,周游列国十四年,就是孔子避人的十四年,但是他永远也不避世。

耳顺人有大执著

积极入世的孔子,就在他执著前行的征途中,就在一路的风尘和冷言讽语中,抵达了人生的又一重境界:六十耳顺。

还有什么比精神上攀越新的高度更令人快乐的呢?

何为耳顺?说得通俗一点,就是把别人的话当成"耳旁

风",这个耳朵进,那个耳朵出。耳顺至少有三个特点:

第一,听到逆耳之言不再大惊小怪——尊重别人的意见;

第二,听到顺耳之言不会沾沾自喜——明白自己的斤两;

第三,听完以后仍然我行我素——坚持自己的立场。

这类似于庄子所说的"举世而誉之而不加劝,举世而非之而不加沮"①。也类似于但丁的话:走自己的路,让别人说去吧。概括而言就是八个字:理解别人,坚持自己。知道别人为什么说;知道自己为什么做;知道别人说"我"实际上是表达他自己——与我无关;知道自己做事实际上是实现我自己——与人无关。耳顺确实是一种很高的境界:

第一,不计较别人,不纠缠别人,大度,宽容;

第二,不受别人干扰,不被别人误导,不在乎别人的看法,不做给别人看。这样,才能集中精力做成大事,完善自己的人生。

为什么孔子在六十岁领悟到了这重境界?因为,周游列国的过程,正是他听闻别人对他评论最多的时期。这些评论中,既有善意的赞扬,但也有许多逆耳之言,甚至是伤人的恶言恶语。对恶言充耳不闻,或者闭聪塞听,不是正当的方

---

① 《庄子·逍遥游》。

法。正当的方法是：恶言闻于耳——但是，听到什么，都没有忤逆不顺之感了。

孔子遭到了诸侯、政客、小人的排挤、迫害、敷衍，早已不足为奇。值得关注的是：孔子还受到了来自同样知识阶层的嘲弄与误解。

有一天，孔子坐着马车在野外赶路，看到两个人在水田里劳动。这两人一个个子很高，另一个块头很大。长得很高的，《论语》里把他称为"长"，块头很大的把他称为"桀"。他们又都在水田里边，所以长的后面加了个"沮"，桀的后面加了一个"溺"。这样，一个就叫长沮，一个就叫桀溺。孔子走到这里，有条小河挡住了去路，不知道渡口在哪里。于是就派子路去问。

子路先问长沮："我们想过河，请告诉我渡口在哪里？"

长沮看了看子路，又看了看远处的孔子，反问子路："那个赶马车的老头是谁啊？"

子路告诉他："是孔丘。"

长沮就问："是不是鲁国的孔丘啊？"

在那么闭塞的时代，竟然连水田里的人都知道鲁国有个孔丘，说明孔子在诸侯国里已经有了很高的知名度。

子路回答:"就是那个孔丘。"

按理说接下来长沮应该告诉子路渡口在哪里。出乎意料的是,一听说是鲁国的孔丘,他马上讲了句很难听的话:"噢,鲁国的孔丘啊,那他不用来问渡口在哪里,他应该知道渡口在哪里。"

这句话的潜台词就是:他应该知道这样颠颠簸簸周游列国不会有什么好的结果,他的正确的做法不是到前方去找个渡口,而是调转马车回家。

话说得真是难听啊!子路本是粗野莽撞的人,但自从接受孔子教导后,已经变得很懂礼貌了。所以他没有发作,径直转过身去问旁边的桀溺。

桀溺也反问子路:"你是谁?"

子路老老实实地说:"我是仲由。"

桀溺接着问他:"你是不是那个鲁国孔丘的学生啊?"

子路说:"我就是他的学生。"

桀溺就说:"世道纷乱滔滔,礼崩乐坏,处处如此。谁又能够跟着你们一块去改变这个现状?你与其跟着你老师这样的避人之士,还不如跟着我们这些避世之士。"

孔子确实是避人之士:他一路上就是在躲避,躲避他身后昏庸的国君。他又总是抱着希望:下一个诸侯可能会好一点。

桀溺自称为避世之士,是因为在他看来,天下没有一个明智的诸侯,他对所有诸侯已经不抱希望,他将整个世道看穿了,绝望了。

子路回来,把受嘲讽的情形告诉孔子。孔子听后,非常感伤。他觉得这两人讲得有道理。他知道天下确实如桀溺所说,滔滔者皆是也。但是,孔子说:"鸟兽不可与同群。"如果我们真隐居了,和山上的鸟兽在一起,徜徉山水,固然逍遥,但天下这么黑暗,黎民百姓苦难重重,我离开他们追求自己个人的逍遥,怎么能忍心呢?接着,孔子又说:"我不和这些苦难的百姓待在一起,我还和谁待在一起呢?"①

孔子的性情里,有逍遥的一面;孔子的骨子里,有拯救的一面。司马迁在《史记·孔子世家》中复述了《论语》中的这个故事。显然司马迁并不只是因为其故事性更适合传记的文风而加以选取。这里面有孔子的精神与人格,也有孔子的无奈与执著;有孔子的伟大处,亦有孔子的虚弱处。

孔子,想凭自己个人的德行与魅力来聚集一批年轻人,让他们传道义之火、文化之火;解民于倒悬,匡世于既颠。但他们的行为,渐渐成为人们眼中的另类、异己,甚至异端。他的

---

① 《论语·微子》。

不合时宜，在他生前，便已受到时人的冷眼；在他身后，直至今天，还在受人嘲弄。

一意孤行

孔子的令人尊敬也就在此。他的伟大也正在这种"一意孤行"的殉道精神。

子曰：三军可夺帅也，匹夫不可夺志也。①

三军可以更换主帅，匹夫却不能逼他改变志向。匹夫尚且不能夺志，更何况圣人之志，得天地浩然正气，至大至刚，岂可屈挠？孔子，这位衰弱的老人，在这个荒凉的世界一意孤行！

"一意孤行"这个词，我们曾经在贬义上用了很长时间。但是，仔细想一想，要是没有大人格、大精神、大境界，一个人敢于"一意孤行"吗？什么叫"一意"？就是一个想法，一条道走到底；什么叫"孤行"？没有陪伴，没有跟随，就一个人，不从众、不哗众、不挟众，坚持自己，孤身一人，"虽千万人吾往也"②，这是孟子转述的孔子的话。有这样的大坚

---

① 《论语·子罕》。
② 《孟子·公孙丑上》。

定,才能成就大事业。所以那个时候有很多人讽刺孔子,认为他们比孔子聪明。其实,人的伟大不是因为他的什么聪明,人的伟大往往是因为他的坚定。聪明人好找,坚定人难求。

孔子周游列国,曾经来到楚国。一天,他的马车正在楚国大道上行进,有人迎面走过孔子的马车,仰着头,高声地唱着一首歌:"凤凰啊!凤凰啊!你的德行怎么这么衰败啊?以前做错的就算了,从今往后你得改了。算了吧,算了吧!现在的世道从政很危险啊!"

他也不看孔子,就这么唱着过去了。歌里的凤凰其实就是指孔子。孔子一听,知道是在讽唱自己,就赶紧下车要跟他讲话,而这个人却快步避开了,一句话也没说上。[①]这人用歌告诫孔子:政治危险,不要再为从政而奔波了。但我们要思考的问题是:政治危险,是放弃伦理责任的正当理由吗?置天下苍生于不顾,听任他们受暴政的煎熬,自己闭门养神,这种行为真的是"修养高深"的体现吗?孔子当然是不会同意、更不会奉行这样的人生哲学的。

孔子把这类人称为"狷者"。狷者的特点是有所不为。他把世道看穿看淡了,知道已经无可挽救,就走向了彻底绝

[①] 《论语·微子》:楚狂接舆歌而过孔子,曰:"凤兮凤兮!何德之衰!往者不可谏,来者犹可追。已而已而!今之从政者殆而!"孔子下,欲与之言。趋而辟之,不得与之言。

望，让自己的一颗热心肠彻底地冷却了。狷者和孔子的区别在哪里？他们总认为自己比孔子聪明，总认为他们是明白人，孔子是糊涂人。其实，孔子何尝不明白世道的不可为？但是孔子知道，责任比聪明更重要。真正伟大的行为是介入当下世道的纷争，为正义、为公理、为民生而战，而不是卷而怀之，逃避现实。

有一次，子路在跟孔子周游的途中，不小心掉了队。他碰到个老人家，正用自己的拐杖挑着除草工具行走。子路因为着急，就有些语无伦次："老先生，您看到我老师了吗？"

这个老丈回头看看他，说了一句很难听的话："四体不勤，五谷不分，孰为夫子！"——我看你这个人，四体不勤劳，五谷分不清，谁知道你老师是谁？

老丈把拐杖往土里一插，把除草的工具取下就开始除草，不理他了。子路被这个老丈抢白了一顿，也很尴尬，拱着手站着，非常恭敬，一声不吭。老丈一看这个人脾气挺好，又和老师失散了，就把他带到家里，杀了鸡，煮了黄米饭招待他，还让他的两个孩子出来见子路。子路就这么在老人家里住了一晚上，第二天早晨，继续出发，找寻老师。

找到老师后，子路把昨晚的事情告诉孔子。孔子说，这个人一定是个隐士，你昨天晚上在他家吃了饭，睡了觉，可是你没有跟他好好谈一谈,这很可惜。他让子路赶紧回去,跟老人家谈谈,受点教益。

子路就又跑回去,可是到了那儿,老人家却躲开了,不愿见他。子路于是很失望地讲了一段话,我们可以把这段话看做是对孔子救世思想的说明:

> 不仕无义。长幼之节不可废也,君臣之义如之何其废之?欲洁其身而乱大伦。君子之仕也,行其义也,道之不行,已知之矣。[①]

——不出来做官是不道义的。您让孩子出来见我,可见您还是很重视长幼之间的规矩。长幼之间的礼节不可废弃,君臣之间的名分为什么就废弃了呢?您想洁身自好,却乱了君臣间大的伦理关系。君子之所以要从政做官,是为了推行道义。至于我们的道不能行得通,这是我们早就知道的了——潜台词是:但是我们仍然在做,这正是我们和你们不一样的地方,也是我们之所以成为我们的地方。

[①] 均见《论语·微子》。

知其不可而为之

为实现自己的政治理想，孔子用十四年的时间游走诸侯列国。但这十四年，也是他失败的十四年。他颠沛流离，到处碰壁。鲁迅曾在一篇颇似游戏的文字中推测孔子晚年有严重的胃病和胃下垂。一个医生对一个常年在坎坷的道路上颠簸的人很容易下这个判断。孔子周游列国的历程，充满了折辱和无奈，碰到了太多的苦难和危险。

经过宋国，宋国一个叫司马桓魋（tuí）人因为孔子曾经骂过他[1]，竟然想要杀了他。孔子和弟子们在一棵大树下演习周礼，司马桓魋带着人杀气腾腾地来了。他们首先把大树砍倒，然后扬言要把孔子杀了。孔子和弟子们赶紧驾着马车跑开，弄得非常狼狈。孔子匆忙离开的时候，还说了句话：

天生德于予，桓魋其如予何！[2]

经过匡（今河南长垣县），匡人误以为他是曾经侵暴过匡地的鲁国的阳虎，把他包围起来，也要杀他。[3]他仍然镇定

---

[1]《礼记·檀弓上》：夫子居于宋，见桓司马自为石椁，三年而不成。夫子曰："若是其靡也，死不如速朽之愈也。"

[2]《论语·述而》。

[3]《史记·孔子世家》：将适陈，过匡，颜刻为仆，以其策指之曰："昔吾入此，由彼缺也。"匡人闻之，以为鲁之阳虎。阳虎尝暴匡人，匡人于是遂止孔子。孔子状类阳虎，拘焉五日。颜渊后，子曰："吾以汝为死矣。"颜渊曰："子在，回何敢死！"匡人拘孔子益急，弟子惧。孔子曰："文王既没，文不在兹乎？天之将丧斯文也，后死者不得与于斯文也。天之未丧斯文也，匡人其如予何！"孔子使从者为宁武子臣于卫，然后得去。

地说：

天之未丧斯文也，匡人其如予何？

我有大德，我内蕴着人类的精神；我传斯文，我承担着绝大的使命。我既然有如此重大的历史使命，一个小丑桓魋、一群误会的匡人，能把我怎么样？这就是孔子的自信，这就是孔子对外来威胁的轻蔑。

经过与匡很近的蒲（亦今河南长垣县内），孔子又被蒲人包围。①

最大的磨难大概可以算是"陈蔡绝粮"。《论语·卫灵公》载：

在陈绝粮，从者病，莫能兴。

弟子们都饿得爬不起来了，但孔子依旧讲诵弦歌，抚琴吟唱。

这是什么境界？是泰山崩于前而色不变的境界；是从容面对一切不幸与挫折的境界；是面对命运的苦难而报之以微笑的境界。

当一个人的内心足够强大的时候，一切外在的压迫与打击

---

① 《孔子家语·困誓》：孔子适卫，路出于蒲，会公叔氏以蒲叛卫而止之。孔子弟子有公良儒者，为人贤有勇力，以私车五乘从夫子行，喟然曰："昔吾从夫子遇难于匡，又伐树于宋，今遇困于此，命也夫，与其见夫子仍遇于难，宁我斗死。"挺剑而合众，将与之战。（《史记·孔子世家》略同）钱穆《孔子传》、《先秦诸子系年》以为孔子畏于匡、斗于蒲是"一事而两传"。

就相应弱小了。

多少失败和打击,孔子都在所不计;多少艰苦和挫折,他都置之度外;多少危险和侮辱,他也能够含笑面对。孔子在这方面表现出来的不是洒脱,而是坚定和崇高。他曾说:君子每时每刻,哪怕连吃饭的工夫,也不会违背仁德,也不会忘记仁德。一生里不管有多少挫折,不管有多少打击,不管有多少侮辱,不管有多少失败,永远立身于仁德之中,绝不改变自己的立场。①

后来他的弟子曾参讲了一段更具感召力的话。曾子说:

士不可以不弘毅,任重而道远。仁以为己任,不亦重乎?死而后已,不亦远乎? ②

什么叫士?就是知识分子。什么是弘毅?弘就是胸襟宽广,毅就是意志坚定。作为一名知识分子,必须具备"宽广的胸襟"和"坚定的意志"。因为他们"任重而道远",责任非常重大,道路非常遥远。什么责任这么重大?"仁以为己任",知识分子把仁挑在肩上,还有比这更重的担子吗?这么重的担子挑在肩上,不坚定可以吗? 不行。挑一段时间就不挑了可以吗?不行。要"死而后已",只有死了才能休息,才能

---

① 《论语·里仁》:子曰:"富与贵是人之所欲也,不以其道得之,不处也;贫与贱是人之所恶也,不以其道得之,不去也。君子去仁,恶乎成名?君子无终食之间违仁,造次必于是,颠沛必于是。"
② 《论语·泰伯》。

把这担子放下。要如此,就必须具备宽广的胸襟和坚定的毅力。孔子的伟大,就在于他至死不渝地挑着这副担子。

我们后人把孔子称之为"圣人"、"万世师表"、"素王"等等。可他同时代的人,对他却有一些不同的说法。

有崇拜他的,也有讥讽他的。也有讥讽而又不得不表示佩服的。

一个鲁国曲阜外城的门房大爷,说过一句讥讽孔子的话。他本来是要嘲弄一下,却不经意地说出了孔子的伟大:

> 子路宿于石门。晨门曰:"奚自?"子路曰:"自孔氏。"曰:"是知其不可而为之者与?"①

"知其不可而为之",正是孔子伟大的救世精神的最好表达。

丧家之狗

还有一个人,大概也想讽刺孔子,却也出人意料地传达出孔子的精神气质。

---

① 《论语·宪问》。

一次，孔子带着他的弟子到郑国去，却和弟子走散了。孔子一个人呆呆地站在城东门口，一副失魂落魄、惶恐无地的样子。

子贡到处寻找老师，逢人就问。有一个人就告诉他说："东门那里站着一个人，他的额头像唐尧，后颈像皋陶，肩膀像子产，可是腰以下比禹短了三寸，落魄得像个丧家狗。"

这个郑国人很有意思，尧是远古时期的君主，他怎么知道尧的额头长得怎样？皋陶是尧帝时期的司法官，他怎么知道皋陶的脖颈长得怎样？说孔子腰以下比大禹短三寸，大禹也是远古的人，他又怎么知道大禹的身高？他又怎能精确地知晓孔子腰部以下比大禹短三寸？所以说这个人的话不可信，也许他这样阴阳怪气地说话，就为了故意调侃孔子。

但是，子贡还是判断出：这个人所说的，就是他的老师孔子。为什么呢？因为这个郑国人的最后一句——"累累若丧家之狗"，子贡一听，对啊，我的老师，就是这么一副模样啊！

他赶紧赶往东门，远远地，就看到一个老头儿在那里东张西望、失魂落魄。子贡赶过去，师生相见，分外亲热。子贡问老师："老师，您知道我怎么找到您的吗？"于是，把郑国那个人不靠谱的话全部告诉了孔子。

那么，孔子如何反应呢？生气还是伤心？都不是，是开心！

他对前面什么类同古代圣人长相的说法表示谦虚不受，但对"丧家之狗"的说法却欣然受之:"然哉!然哉!"①

"丧家之狗",显然不是恭维话。被人说成狗,而且还是丧家之狗,恐怕没人会高兴。但孔子高兴,而且连发赞叹:说得真像啊!说得真像啊!

孔子为什么对这种并非善意的评价如此高兴?

今天有人常用"丧家之狗"骂孔子。其实,丧家之狗,是一个义蕴颇深的哲学化比喻。倒不是说这个郑国人有水平,但他确实无意之中说出了这个比喻,并被孔子认可。"丧家之狗"可以说是对整个人类生存状态的准确描述和非常形象的隐喻,也可以说是对人类的最高赞美。我们谁不是丧家之狗?但只有孔子这样的大哲,才能对这个妙手偶得的比喻了然于心并欣然受之。

说孔子是丧家之狗,和《圣经》里面所讲的人类被赶出伊甸园,可以说都是对人类生存状态的隐喻,道出了人类共同的困境。哲学要解决的不就是"我是谁?我从哪里来?要到哪里去"这三个问题吗?这三个问题,就是丧家之狗的问题。德国诗人诺瓦利斯说:哲学就是怀着永恒的乡愁寻找家园。人类永远都在寻找家园。

---

① 《史记·孔子世家》:孔子适郑,与弟子相失,孔子独立郭东门。郑人或谓子贡曰:"东门有人,其颡似尧,其项类皋陶,其肩类子产,然自要以下不及禹三寸。累累若丧家之狗。"子贡以实告孔子。孔子欣然笑曰:"形状,末也。而谓似丧家之狗,然哉!然哉!"

孔子为什么能领悟到这一点？因为在他的人生历程中，有超群的追求，也有绝大的失败，所以他才领悟到人类悲剧性的存在。只有领悟到了人类悲剧性的存在，才能知道丧家之狗这个比喻是多么准确；而且他领悟到，这个比喻不仅显示了人类的可怜，更显示了人类的可敬。人类就是在不幸的境遇里，仍然仰望着头顶的星空，仍然在寻找昔日的美好家园。在地球上的所有生物里面，只有人类才意识到自己的处境是悲剧性的，知道自己是一条丧家之狗，并试图改变这种处境。这就是作为万物之灵长的人类比其他动物都高明的地方。这就是人类的伟大，人类命运的悲剧性和崇高性一体同存。

说孔子"丧家"，即使在形而下的语境里，也很有道理。孔子从五十五岁——鲁定公十三年开始游历诸侯国，一直到六十八岁——鲁哀公十一年回到鲁国，共十四年。这十四年，不要说哲学化的"家"，他的确连事实中物理形式的家都没有，他一直在漂泊的状态。他的家在鲁国，鲁国才是他的祖国。在外流荡的十四年里，他的妻子留在鲁国，他的儿子留在家里陪伴母亲，只有他一个人带着弟子四处游荡。他没有家。

第二节

大德容众

周游列国的十四年间,鲁国政府一直没有邀请孔子回去。其实他非常想回祖国,但是他回不去。要知道,像孔子这样有身份的人,当初又是自己"负气出走",没有政府的邀请,或者说,在政府尚未考虑好如何安置孔子时,孔子自己回去,显然是尴尬而不体面的,同时,也会让鲁国政府尴尬并不知所措。

在这期间,就在"六十耳顺"这一年,孔子倒是听到了顺耳的一个好消息,但最后,还是空欢喜一场。

故国之思

鲁哀公三年,六十岁的孔子来到了陈国。这期间,鲁国传来消息:季桓子死了。

鸟之将死，其鸣也哀；人之将死，其言也善。病重时的季桓子抱病出游，望着鲁国的山川城郭，感慨万端地说："这个国家曾经是有希望强大起来的啊。只因为我得罪了孔子，不听从他的教导，就失去了那样的历史机遇了。"在内疚自责之中，他对儿子季孙肥（季康子）说："我死后，你必成执政。你一定要召孔子回国。"

没过几天，季桓子就去世了。已经离国五年的孔子，听闻季桓子的死讯和临终话语，一定是感慨系之吧。他虽在外周游，心却牵挂鲁国，也时时眺望着故乡。现在，他似乎看到了回到祖国一展政治抱负的希望。

但是，出乎人们意料，就在大家都认为季康子肯定要召回孔子了，而孔子也抱着极大希望的时候，召回孔子的使者一直没有到来。

到底出了什么差错呢？其实，正当季康子准备听从父亲遗训召回孔子时，一个叫公之鱼的人阻止了他。公之鱼对季康子说："以前您的父亲用孔子，却不能坚持到底，最终被诸侯嘲笑。现在，您再用孔子，又不能坚持到底，那不是还要被诸侯嘲笑吗？您一家两代都要因为孔子而在诸侯那里丢脸了。"

季康子一想："对啊！孔子骂过我爷爷，跑去齐国；伤过我父亲，周游列国；我把他召回，再忤触了我，我和他如何相处？如果他再出国而去，季孙一家三代的英名都要毁在他一个人手里了。"于是，季康子打消了召回孔子的念头。

大人有大人思路，小人有小人心思。往往小人的说法比君子的道理更能打动人，因为小人的说法常常更能触及人内心中的私念，从而一拍即合，畅通无阻。此时公之鱼的话，就是直击季孙肥内心中的私念。于是，这个小人的一番话，就让孔子这次回国的希望破灭了。

但是，不召孔子回国，季康子要担不顺从父亲遗命的罪责。所以，他采用了折中的办法：召回孔子的弟子冉求。

孔子不免失望，但还是为冉求高兴，他对弟子们说："这次鲁国召冉求回国，不会是小用，一定是大用。"

然后，心中不免失落的他，好像自言自语：

"回去吧！回去吧！在家乡我还有很多的学生啊，他们的志向远大，而行为粗简，文采还斐然可观。但这些学生我有好多年没见面了，我都不知道回去该如何裁剪他们了。"[①]

子贡知道老师隐含的失望之意和归国之念。老师已经在外流浪五年。古人五十为老，孔子已六十多岁了，就像一片树叶，已经泛黄，就要飘落，但是，根在哪里呢？子贡把冉求叫

[①] 《论语·公冶长》：子在陈曰："归与！归与！吾党之小子狂简，斐然成章，不知所以裁之。"

到一边,叮嘱道:"你回国了,一定要找机会,让政府召老师回国。"①

不打棍子不扣帽子

看来,孔子还得在列国之间,周游更长的时间。这一年,恰好是孔子的耳顺之年。耳顺,是因为自己强大,对自己所做的一切自信,所以不怕别人的批评和嘲弄。健康的人,不怕风吹日晒,夏热冬寒。强大的人,不怕风言风语,冷嘲热讽。

同样,只有真正强大的人才能够宽容。

礼,在孔子心目中的地位很高。他曾说:"不知礼,无以立也。"②不懂礼,就无法立足于社会。在孔子看来,礼是政治理想,是道德理想,是社会理想,是人格理想。他对每个人的行为都有礼的要求。据《论语·颜渊》所记,颜回曾问:"老师,什么叫仁?"孔子就回答四个字:"克己复礼。"克服自己的欲望,言行符合礼的要求,就叫仁。在孔子看来,仁是一种内在修养,礼是这一内在修养的外在表现。

颜回接着问:"我具体应该怎么做?"

① 《史记·孔子世家》。
② 《论语·尧曰》。

孔子又讲了十六个字：

非礼勿视，非礼勿听，非礼勿言，非礼勿动。

不合礼的不看，不合礼的不听，不合礼的不说，不合礼的不做。

但是，非常出乎我们意料的是，通读《论语》，再读孔子其他相关事迹，我们会惊讶地发现，如此重视礼的孔子，在很多具体涉及礼的问题上，恰恰是非常宽容的。

鲁国国君鲁昭公就是个不知礼的人，做了好些违礼之事。据《论语·述而》记载，他娶了吴国国君的女儿。吴国是周文王的伯父太伯的后代，鲁国是周文王的儿子周公姬旦的后代，都是姬姓。吴鲁两国本是同族同姓。按周礼规定，同姓不能通婚。所以鲁昭公的婚姻是违礼的。春秋时，国君夫人的称号，一般是用她出生的国名加上她的姓。照此，则鲁昭公的这位夫人，应称"吴姬"。但这个"姬"说不得，鲁昭公不敢称呼她为"吴姬"，而称"吴孟子"。"孟子"可能是她的字，试图把这一违礼之举遮掩过去。[①]

孔子周游到了陈国，此时鲁昭公已经去世。陈国司寇陈司败居心叵测地问孔子："鲁昭公懂不懂礼？"

[①] 参见《左传·哀公十二年》。

孔子回答:"知礼。"

陈司败觉得抓住了孔子的把柄,出门后见到孔子学生巫马期,拱拱手,说:"我以为君子不会因为个人交情而违背他的公正,可是今天我却发现不是这样。鲁昭公娶了吴国同姓女子,孔先生竟说他知礼。"

这件事对孔子的声誉应该会有点影响,所以巫马期马上回来告诉了老师。孔子感慨地说:"我孔丘真是很幸运,只要有错别人马上就能看出来。"①

承认自己有错,承认陈司败说得对,就是不直说鲁昭公不知礼。

孔子为何要说鲁昭公知礼?我们可以理解为孔子在对别国的司寇谈到自己国家已故国君时的掩饰,同时也可看出孔子的宽容。鲁昭公生前,孔子没批评过他;鲁昭公死后,在别国人面前孔子仍然帮他掩饰。一个对礼如此强调的人,对于国君如此严重的失礼行为,是何等宽容。

正如我上面提到的,孔子这样做,对他的声誉是有影响的。但是,面临如此两难选择的孔子,只有在所不惜了。可见,君子固然珍惜羽毛,珍惜自己的名声,但在更大的价值面

---

① 《论语·述而》:陈司败问:"昭公知礼乎?"孔子曰:"知礼。"孔子退,揖巫马期而进之,曰:"吾闻君子不党,君子亦党乎?君取于吴为同姓,谓之吴孟子。君而知礼,孰不知礼?"巫马期以告。子曰:"丘也幸,苟有过,人必知之。"

前,一己名声,又有什么不可以看轻一些呢?

据《孔子家语卷十·曲礼·子夏问》记载,一天,鲁国的大夫们举行一次大型祭祀活动——练祭。这种祭祀规定:哀杖(一种礼器)必须放在祭坛的两侧。可是在祭祀过程中,子路却看见大夫们手上拿着哀杖。子路知道鲁国大夫们弄错了,回来就问孔子:"鲁国大夫在练祭时手执哀杖,这符合礼吗?"

这是明知故问,用意很简单:就是希望孔子批评批评这些无知的大夫们。

没想到,孔子回答:"我不知道。"

子路很高兴,跑出来正好碰见子贡,就对子贡说:"我跟随老师四十多年啦,以为老师什么都懂,今天发现他老人家也有不懂的,呵呵。"

子贡说:"老师什么不懂啊?"

子路就把情况告诉了子贡。子贡一听,明白怎么回事了,对子路说:"你等在这儿,我进去再问一次。"

子贡进去,问老师:"举行练祭时手执哀杖是不是符合礼?"

孔子说:"不符合。"

子路、子贡问的是同样的问题,而孔子的回答却不同。为什么?其实两人的问法有个小小区别:子贡问的是举行练祭时手执哀杖是否符合礼,而子路问的是"鲁国大夫"在练祭时手执哀杖是否符合礼。区别在前面有没有一个具体的指称对象。

子贡出来,对子路说:"不是老师不知道,而是你的问法有问题。你那样问,就是让老师直接批评鲁国的大夫做得不对。而老师显然不愿意在这样无关原则的细节问题上臧否人物,所以老师只好说不知道。不是老师不懂,而是你不会问。"

从这则故事可以看出,孔子是很宽容的。他虽然知道礼很严格,但是假如有人不小心疏忽了,失礼了,他不会抓住这一点,打棍子、扣帽子。

尊重礼,是尊重礼背后的价值,而不是细枝末节的形式。

忠恕之道

周礼规定,父母去世,孝子守丧三年。所谓三年实际上指三个年头,不是说整整三年。在第十三个月有一次小型祭奠仪式,到第二十五个月有一次大型祭奠仪式。大祭结束后就表示丧期彻底结束,守丧也就结束了。在守丧时间里,守丧者为了表示哀痛和对父母的思念,是不能像正常人那样生活的,更不用说娱乐活动了。

鲁国有个人,到了父母丧期结束的当天,就开始在家里唱歌。子路嘲笑他:"这个家伙太不像话,父母丧期一结束,就开始唱歌了,哎哟,您看他急成什么样!"

孔子严肃地制止子路,说:"仲由啊,你怎么对别人这么苛刻呢?三年之丧,他已经够苦了,做得很不容易了。今天服丧期满,他唱个歌又有什么不可以呢?"

子路知道礼的重要性,觉得凡是不符合礼的都要批评。其实,孔子比子路更了解礼的重要性,但孔子一旦碰到具体的人就很宽容。子路走后,孔子说道:"这个人如果再等一个月唱歌就好了,现在是急了点,也难怪子路嘲笑他。"①

有个叫叔孙母叔的人,母亲死了。在给母亲出殡时,他在一些细节上不符合礼,又给子路看了出来。子路就在那里叹息:"哎哟,这个人真是很差劲啊,做得失礼了。"

孔子说:"他合乎于礼。"

子路急忙争辩:"老师啊,相关礼仪规定得清清楚楚,他这样做就是不对的。您为什么说他对?"

孔子告诉他:"仲由啊,你这样问问题不对啊,不应该拿具体的人去对照礼的规定,这样就会过于苛刻。何况君子不拿自己知道的去嘲笑别人不知道的。"②

---

① 《孔子家语卷十·曲礼·子夏问》。
② 《孔子家语卷十·曲礼·子夏问》。

强调礼、重视礼的孔子，为什么偏偏会把有些不太合礼的说成是合礼的，帮忙掩饰，假装说不知道，甚至宁愿损害自己的名声呢？这些事让我们思考：孔子的思想除了仁、义、礼、智、信、忠、诚等概念，是不是在执行上还有更高的原则？如果有这样的原则，那又是什么呢？

《论语·里仁》里记载：

> 子曰："参乎！吾道一以贯之。"曾子曰："唯。"子出，门人问曰："何谓也？"曾子曰："夫子之道，忠恕而已矣。"

一天，孔子对曾参说："我的思想中有一个原则贯穿始终。"曾参顺口就答了一个字："唯。"表示明白。①两人的对话到此就结束了。可旁边的其他弟子都没明白，所以，老师走后，他们赶紧问曾参："老师的一以贯之的东西究竟是什么？"于是，曾参告诉他们："夫子之道，忠恕而已矣。"

老师的知识那么广博，思想那么深刻，最关键的两个字，不是天天讲的仁，不是天天讲的礼，也不是天天讲的信，而是——忠和恕。

---

① 古代，晚辈、学生、下级答应长辈、老师、上级，有两个词，一个是"唯"，一个是"诺"。"唯"表示非常恭敬或正式、认真的答复；"诺"则是一般的应对之词，不如"唯"恭谨。

恕比忠更重要

什么叫"恕"?"己所不欲,勿施于人"。自己不想要的千万不要强加给别人。用今天的话来说,将心比心、理解宽容就是恕。

什么叫"忠"?"己欲立而立人,己欲达而达人"[①]。自己想建立的,也帮着别人去建立;自己想要达到,也帮着别人去达到。孔子讲"君子成人之美"[②],别人有个很好的理想,去帮他完成,这就是"忠"。

有一天,子贡问孔子:"有没有一个字,可以一辈子照它去做?"

"那就是'恕'吧!己所不欲,勿施于人。"孔子毫不犹豫地回答。[③]

孔子的思想是博大、深邃的,而以一贯之的,是"忠"和"恕"。现在通过子贡这一问,却又只剩下一个字:"恕"。孔子的思想里最有价值的就是"恕"。那么,为什么不是"忠"呢?

[①]《论语·雍也》。
[②]《论语·颜渊》。
[③]《论语·卫灵公》:子贡问曰:"有一言而可以终身行之者乎?"子曰:"其'恕'乎!己所不欲,勿施于人。"

"忠"，"己欲立而立人，己欲达而达人"，当然是很高的境界。但这里边隐藏着一些问题。

首先，"忠"需要相应的能力，有时候并非我们力所能及。在这样的情况下，我们可能就只能尽人力而听天命。

更重要的是，"忠"里边包含着很多危险。"己欲立而立人，己欲达而达人"，可是，人我有别，我怎么能知道我喜欢的也是他喜欢的呢？把我喜欢的东西，强加给他，可以吗？

《庄子·至乐》中有这样一个故事：一天，鲁国郊外飞来一只海鸟，鲁君很喜欢，就把鸟抓住带入宫廷喂养。国君喜欢大鱼大肉，就给鸟也吃大鱼大肉；国君喜欢听音乐，就让宫廷乐队也为鸟演奏音乐。结果没几天这鸟就死了。庄子认为这是国君爱鸟的方法有问题。他是用养人的方法来养鸟，而不是用养鸟的方法来养鸟。鸟喜欢栖息在深山老林里，喜欢游戏在水岸沙洲旁，喜欢在水边捉食泥鳅小鱼，喜欢和鸟群雁阵相伴。现在鲁国国君却把它弄进宫殿，让它和大自然彻底分离，而且用完全不符合其生活习性的喂养方式来喂养，它当然没法活。

这个故事告诉我们："忠"是有界限的，是有适用范围的，是应当加以约束和警惕的。

"忠"更糟糕的、更值得我们警惕的是什么？"忠"只是相对的真理，它是一把双刃剑，一不小心会被坏人利用。坏人会假冒对我们的"忠"，来代替我们选择和思想：我喜欢的，你也必须喜欢；我赞成的，你也必须赞成；我反对的，你也必须反对；我说对，你必须说对；我说错，你必须说错；我不给你的，你不能要；我给你的，你必须要——不要他就收拾你，收拾你他还有理由：他对你"忠"。

所以"忠"会导致专制，导致独裁，导致对人的奴役。在中国古代，如果说用武力压服和专制叫"强奸民意"；那么，用"忠"来实现专制，就可以称之为"诱奸民意"。古今中外所有的专制君主、独裁者，都声称忠于人民，为了人民的利益，然后假冒人民的代表来实现自己的独裁统治。

所以，"忠"是可以被人利用的，利用了以后会变成专制和独裁。

孔子博大精深的思想基础是"忠"、"恕"。但到了他思想的最高层，就只有闪闪发光的一个大字：恕——宽恕、宽容。"恕"是孔子思想里最具现代价值的思想，也是我们中国封建专制文化里边最稀缺的元素，是最具有价值，最值得我们去挖掘、去发扬光大的思想。孔子讲仁，讲义，讲诚，讲信，讲君子，讲圣人，讲志士，讲仁人，而他思想最高端最核心的一个字，是"恕"。

宽容比自由更重要

从某种意义上说，宽容比自由更重要。

孔子讲的"恕"是多层次的，既包括政治上的恕，也包括个人修养上的恕。这个社会太需要宽恕了，一个宽恕的政治是好的政治；一个善于宽待他人的人，也就是个好人。《说苑·卷一·君道》说"大道容众，大德容下"，孔子也曾经告诫学生说：

> 躬自厚而薄责于人，则远怨矣！[1]

自厚而薄责于人，就是对自己的要求多、要求高，对别人的要求少、要求低。人对自己可以苛刻一点，但是对别人一定要宽松些，做到这些就可以远离别人对自己的怨恨了。

在人类社会里，每个人每时每刻都离不开别人。人只有对别人宽容，才可以保持良好心态和良好生态。一个苛刻的人，首先自己的心态就坏了；一群心态很坏的人，组成的生态也必然很坏。

孔子讲"君子求诸己，小人求诸人"[2]，君子总是磨砺自己；小人总是算计别人。算计、苛责别人，不仅会失去朋友，

---

[1] 《论语·卫灵公》。
[2] 《论语·卫灵公》。

还会在自己的周围造成一种非常严酷的环境,既不能提升自身的境界,又不适合于自己的生存,还弄坏了风气。

《孔子家语·卷二》记载,有一天孔子要出门,天阴了,眼看就要下雨,但他没有伞盖。

这时,一个弟子说:"老师,子夏有,您可以向他去借。"

孔子教导这个弟子说:"你知道,卜商(子夏)有一缺点:比较吝啬。如果我向卜商去借伞盖,他勉强借给我,这不就是把他不愿意的事情强加给他了吗?如果他不借给我,大家就会觉得这个人太吝啬了。所以,不要向他借伞盖,既不让他痛苦,又可以保全他的名声。"接着孔子又跟弟子们说:"跟人交往,一定要推崇别人的长处,掩饰他的短处,这样和别人的交往才能长久。"①

在公德问题上,孔子非常严格;在个人私德上,孔子极其宽容。

"恕"不仅对一个国家来讲很重要,就是在我们的日常生活中,在普通人的为人处世里,也至关重要。可以说:"恕",是孔子为我们这个民族,也是为人类提炼出的一道黄金法则,是人类的大德。

---

① 《孔子家语·卷二·致思》:孔子将行,雨而无盖。门人曰:"商也有之。"孔子曰:"商之为人也,甚吝于财。吾闻与人交,推其长者,违其短者,故能久也。"

第三节

圣者多情

孔子的恕,孔子的宽容,源于他深广博大的真性情。

千年来,我们尊孔子为圣人。孔子成了我们民族的精神导师,我们心灵的向导,我们行为的规范。在一般人的意识里,圣人肯定是高高在上、道貌岸然、不苟言笑、一言一行都规矩有度的人。其实,真正的圣人一定是性情的,一定是满怀激情而又一腔深情的。孔子就是这样。他对人对事,常常是动情的:自身遭到羞辱,他动情;弟子去世,他动情;在泰山脚下见一可怜的妇人,他也动情……喜怒哀乐,一任性情。在这一点上,圣人跟我们的情感特征是一样的。当然,他比我们博大,比我们深沉。

乐山乐水

孔子爱自然，自然也就给他带来了快乐。

> 子曰："知者乐水，仁者乐山。知者动，仁者静。知者乐，仁者寿。"①

智慧的人看到水就快乐，他喜欢水；仁德的人看到山就快乐，他喜欢山。智慧的人好动；仁德的人好静。智慧的人快乐；仁德的人长寿。

在孔子眼里，大自然的一切都是我们快乐的源泉，而且也是我们道德的源泉。山水之中，有我们的德性。天人合一，是极致的快乐。

孔子喜欢登山。"孔子登东山而小鲁，登泰山而小天下。"②登上东山发现整个鲁国其实很小；登临泰山，放眼四望，发现整个天下其实也很小。只有具备了"俯瞰一切"的人格境界的人，才会有"登泰山而小天下"的气度。

孔子正是这样的人。

孔子有没有去过大海？我不得而知。但他说过一句关于大

---

① 《论语·雍也》。
② 《孟子·尽心上》。

海的话，非常富有诗意，也非常浪漫。他说：

道不行，乘桴浮于海。从我者，其由与？①

这是多么浪漫的语言，多么浪漫的情景！大海何其大，他却只以一叶小小的木筏浮在上面。他要故意形成这么巨大的对比。在烟波苍茫的大海之中，只有那小小的木筏在飘荡，上面就两个小小的人——他孔丘和他的学生子路。这场景是何等苦难，何等风流，又是何等伟大。孔子真是诗人，他不写诗，但他讲的话充满诗意。只有如此充满诗意的人格，才有能力享受着生活的快乐。

子贡问曰：君子见大水必观焉，何也？

孔子曰：

夫水者，君子比德焉。

遍予而无私，似德；

所及者生，似仁；

其流卑下，裾拘（曲曲折折）皆循其理，似义；

浅者流行，深者不测，似智；

其赴百仞之谷不疑，似勇；

绵弱而微达，似察；

---

① 《论语·公冶长》。

受恶不让，似包；

　　蒙不清以入，鲜洁以出，似善化；

　　至量必平，似正；

　　盈不求概，似度；

　　其万折必东，似意。

　　是以君子见大水必观焉尔也。①

孔子从水中看到了德，看到了仁，看到了义，看到了智……难怪扬雄说："仲尼多爱，爱义也！"②

三月不知肉味

孔子不仅爱好自然，更爱好人类的艺术。艺术是自然的最高体现。《论语·述而》有这样一则记载：

　　子在齐闻《韶》，三月不知肉味，曰："不图为乐之至于斯也。"

《韶》乐，相传是帝舜时代的乐曲。孔子对它的评价是"尽善尽美"。现代的音乐发烧友，可曾发烧到像孔子这样？听到一首好的音乐，竟然三个月吃肉都没有味道。孔子一辈子

---

① 《孔子集语》引《说苑·杂言》，《荀子·宥坐》小有异。
② 《法言·君子篇》。

爱吃肉，而且，那个时代，吃肉不像现在这样普通啊。"不图为乐之至于斯也"，真没有想到，音乐能把人感动到这样的程度啊！他常常被音乐感动得感慨万端。一个人有没有艺术细胞，有没有艺术鉴赏力，就看他是否能被艺术所感动。

他听鲁国的乐师演奏音乐，他说："洋洋乎盈耳哉！"①满耳朵都洋溢着美妙的音乐啊。他如果听到一个人唱歌唱得很好，就一定会把那个人拦住，求人家再唱一遍，然后他跟着唱。

孔子喜欢唱歌，平日里，除了有吊丧之事②，他会随时来上一首。跟别人说话，说着说着他唱出来了。很多时候，他一感动，不说了，唱。他五十五岁被迫离开鲁国时，对来送行的乐官，就即兴唱了一首歌，来表达自己的心声。和弟子们周游列国的时候，在路途中休息，他都要摆上琴弹唱一曲。庄子说："弟子读书，孔子弦歌鼓琴。"③他平时教学的场所，也都摆着琴、瑟和各种乐器。一边讲课、交流学问，一边弟子们就在旁边演奏。这实在是令人无比向往的生活。

人生天地间，满眼山水，满耳音乐。我有双眼，天地便有山水；我有双耳，人间便有音乐。这是孟子的"万物皆备于

---

① 《论语·泰伯》。
② 《论语·述而》：子于是日哭，则不歌。
③ 《庄子·渔父》。

我",又是庄子的"天地与我并生,万物与我为一"!这是多么圆融纯粹的人生啊,这就是圣人的人生!哪里用得着争名夺利,钩心斗角;哪里用得着甘脆肥浓,锦衣玉食;哪里用得着紫袍玉带,高楼大厦;哪里用得着钟鸣鼎食,声色犬马。造化创造的一切,足以让我们享受合乎道德的快乐人生!

孔子还是一位很高明的演奏家,《诗经》三百零五首,他拿着一把琴,从头至尾一首一首按顺序演奏下来。司马迁《史记·孔子世家》记载,孔子晚年回到鲁国,整理《诗经》,"三百五篇孔子皆弦歌之"。我们今天讲《诗经》就是指诗,可那时《诗经》实际是一首首歌词,都有相配的乐曲,它们是那个时代的流行音乐。《诗经》是经过孔子整理的,但是他整理的不仅仅是文字,更重要的是整理乐谱。

大爱大恨大悲哀

孔子这样的圣人也会像一般人那样发怒吗?孔子说过,君子"不迁怒"[1],但是该怒的时候,孔子也会怒。

正如前文所说,当季平子,一个大夫,僭越到天子规格祭

---

[1]《论语·雍也》。

祖时，孔子不能容忍，痛斥：

八佾舞于庭，是可忍也，孰不可忍也！①

不仅如此，他还拂袖而去，离开鲁国去了齐国。这就是圣人之怒。圣人为什么怒？为原则而怒，为公道而怒，为天理良心而怒，不为自己的个人得失而怒。

对他的弟子，孔子也有怒的时候。孔子说"有教无类"，但是如果一个学生在原则问题上犯了错误，他是非常严厉的。冉求做季氏家臣，帮着季氏聚敛财富，盘剥百姓。孔子宣布与他解除师生关系，还号召其他弟子鸣鼓而攻之：

非吾徒也，小子鸣鼓而攻之可也。②

这是为什么愤怒？就为一个大夫盘剥老百姓，而他的学生居然帮助他聚敛财富。圣人没有私仇，只有公仇。

他的另一位学生樊迟来问他怎么种庄稼、种菜，孔子也很生气。在樊迟转身走了以后，破口大骂：

小人哉，樊须也！③

士是干什么的？士是志于道的，是把追求道义、追求真理当做自己使命的，而不是只想种一点庄稼和菜养活自己。所以他也骂。

---

① 《论语·八佾》。
② 《论语·先进》。
③ 《论语·子路》。

这个骂还算客气的,孔子甚至还骂人断子绝孙。《孟子·梁惠王章句上》记载,孔子讲过一句话:"始作俑者,其无后乎!"古代有一种非常野蛮的制度:天子或者贵族死了,常常用他身边的人,比如平时伺候他的奴隶、他的妻妾、他的近臣,为他殉葬。后来,人们渐渐地认识到这个制度太野蛮,于是就用泥来塑一个俑人,叫做泥俑,替代活人埋在坟墓里面,算是殉葬。但即便如此,孔子也是忍无可忍。为什么?因为虽然泥俑不是真人,但是这个形式本身,包含着一种罪恶的反人道的观念。正是这种观念让孔子忍无可忍。所以他说做这样事情的人是断子绝孙。

孔子不仅骂人,他还会打人。孔子有一位老朋友叫原壤,一辈子放荡不羁。有一次,原壤的母亲去世了,孔子到他家吊唁。到了一看,原壤一点悲痛的神情也没有,高高兴兴的,丧事根本就没有料理。

孔子是个料理丧事的行家,对殡葬之礼非常熟悉。于是他就跟弟子们说:"好吧,我们留下来帮他料理丧事。"

孔子亲自帮原壤的母亲整治棺材。棺材板上要画上图案,他就亲自画。这时原壤在干什么呢?他在旁边唱歌,最后,甚至跳到棺材板上去唱。孔子的弟子们看不下去了。孔子说,谁叫他是我的老朋友呢?他就这样的脾气,我们不看他的面子,看在他死去的母亲面上,把丧事办了吧。①

孔子晚年,有一天他拄着拐杖去看望原壤。原壤看到孔子来了,是一个什么样的态度呢?坐在地上两腿伸得老远。古人的坐法是先跪在地上然后臀部坐在自己的脚后跟上,这是一种礼貌的坐法。比较粗野的不礼貌的坐法,就是屁股直接坐在地上,双腿直直地叉开伸出去,像农民用的簸箕一样,所以又叫做"箕踞"。原壤的坐姿就是这样。

孔子生气了,就骂他:"你这个人,少年时不努力,中年时没建树,晚年了一事无成,还这么傲慢不懂事。你该死了还不死,你简直就是个害人的贼呀!"然后拿起拐杖狠狠地敲打他的小腿:把你的狗腿给我缩回去!②

我们常常认为修养的最后境界是心平气和。心平气和当然是一种境界,但不是最高的境界,也不是唯一的境界。对个人的得失心平气和是一种境界,但是对原则问题也心平气和就不可以了。对一切邪恶的人和事保持道德的愤怒,对一切善良的人遭到不幸感到痛苦,这才是道德的最高境界。

孔子曾经说过这样的一句话:

唯仁者能好人,能恶人。③

---

① 《礼记·檀弓》。
② 《论语·宪问》:原壤夷俟。子曰:"幼而不孙弟,长而无述焉,老而不死,是为贼。"以杖叩其胫。
③ 《论语·里仁》。

"好人",是喜爱人;"恶人",是厌恶人。仁德的人一定具有两个特点:对于正义的,对于善良的,他爱;对于邪恶的,对于残暴的,他恨。这种爱和恨一定是一个人内心高贵的体现。有爱有恨是正常人,大爱大恨可能就是圣人。孔子就是这样一个大爱大恨的圣人。

大爱大恨之人,有大悲哀。

学生冉伯牛得了不治之症,孔子去看他,从窗口伸进手去握住冉伯牛的手,一连声叹息:"我们要失去他了!这是命啊!这样的一个好人啊,偏偏得了这样的病!这样的好人啊,偏偏得了这样的病!"①

读《论语》的时候,我们经常能感觉到孔子和弟子们之间的那种深厚的师生情谊。"好人",是对伯牛品性的判断;"得了这样的病",是对命运的感慨。人有内忧,也有外患。内忧是自己人性的弱点,外患是命运。命运时时潜伏在我们的前方,随时准备捕猎我们。所以孔子的悲哀,不仅仅是对一个人命运的悲哀,他是从中看到了一种普遍的悲哀,他是在感慨人在命运面前的渺小呀。

颜回,这位孔子心目中最好学、最优秀,也是他最喜爱的

---

① 《论语·雍也》:伯牛有疾,子问之。自牖执其手,曰:"亡之,命矣夫!斯人也而有斯疾也,斯人也而有斯疾也!"

学生死了,孔子大哭。弟子们来劝他:"老师不要再哭了。"孔子回答说:"我悲伤过度了吗?我不为他哭还为谁哭呢?"[1]哭得呼天抢地,一塌糊涂。

做盲人的眼睛

从孔子的这些喜怒哀乐中,我们得到什么启示呢?道德修养的最高境界,是情感的丰富而不是情感的枯竭;是情感的充盈流动而不是情感的枯萎凝滞;是情感的敏锐而不是情感的麻木;是情感的自然天成而不是情感的人为矫情。

孔子在日常生活中,不是我们想象的那种道貌岸然,不苟言笑,让人敬而远之,溜之大吉。恰恰相反,"子之燕居,申申如也,夭夭如也"[2],很和蔼,很放松,很快乐,悠然自得。

有时候他会特别讲究,讲究得让你觉得他好笑。比如饮食,食不厌精,脍不厌细:饭食、鱼肉霉烂了,不吃;颜色变坏了,不吃;气味不好,不吃;烹调不好,不吃;时间不对,不吃;肉切得不方正,不吃;没有调味酱,不吃。就是吃,也有讲究:席上肉再多,不贪吃败坏胃口;酒不限量,但不会喝

[1]《论语·先进》:颜渊死,子哭之恸。从者曰:"子恸矣。"曰:"有恸乎?非夫人之为恸而谁为!"
[2]《论语·述而》。

到醉乱。

他还不吃从外面铺子里买来的酒肉;参加国家祭礼分得的祭肉,也不过夜,只要在家保存超过三天,就不吃了;哪怕只有粗米饭、小菜汤,他也要祭一番,恭恭敬敬,同斋戒一样。

他行走坐立,也讲究:吃饭睡觉时,不说话;坐席摆的方向不合礼制,不坐下。[①]

这些讲究里,有他贵族之家的传统,也有他自以为是的道德内涵,还有养生方面的考虑。但这一切,他都做得不矫情,不凝滞,也并不妨碍他日常悠然自得的状态,"申申如也,夭夭如也"。他对事对人,该放松放松,该讲究讲究,该恭敬恭敬,做得开合自如。

《论语·乡党》在上述这么多有关孔子的记载之后,接着的就是:"乡人饮酒,杖者出,斯出矣。乡人傩,朝服而立于阼阶。问人于他邦,再拜而送之。"什么意思呢?就是——举行乡人饮酒礼后,要等老人都离去,自己才走出去。乡里迎神驱鬼,要穿着朝服站在东边台阶上。托人给外国友人问候送礼,要向受托者拜两次送行。

[①] 《论语·乡党》:食不厌精,脍不厌细。食饐而餲,鱼馁而肉败,不食。色恶,不食。臭恶,不食。失饪,不食。不时,不食。割不正,不食。不得其酱,不食。肉虽多,不使胜食气。唯酒无量,不及乱。沽酒市脯,不食。不撤姜食,不多食。祭于公,不宿肉。祭肉不出三日。出三日,不食之矣。食不语,寝不言。虽疏食菜羹,瓜祭,必齐如也。席不正,不坐。

孔子有一个弟子叫子禽，跟着老师周游列国，发现了一个现象：孔子到一个国家，很快就对这个国家的政治、民情、人物有所了解。他不明白，就问子贡原因。子贡说，老师之所以能够很快地了解，别人能主动来给他介绍，是因为他的个性有五个特点：温、良、恭、俭、让。①也就是温和、善良、恭敬，做事有分寸，能谦让。所以别人都喜欢跟他打交道。有了这五种德行，孔子就有特别的亲和力，人们愿意敞开心扉把什么事情都告诉他。

其实，温良恭俭让，源于孔子对人的尊重和慈爱。《论语·卫灵公》载，鲁国的盲乐师来见孔子，孔子亲自去迎接，扶着他上台阶，扶着他入席，并将在座的人一一介绍给乐师。一举手一投足都充满了尊重和关怀。②《论语·述而》里还有如下记载："子食于有丧者之侧，未尝饱也"——和家有丧事的人一块吃饭，孔子从来不会吃饱。孔子认为人家家里有丧事，心情很悲痛，你在旁边大吃大喝，不合适。如果内心对不幸的人真有同情，那时自然会收敛自己的行为，自然吃不饱，即使吃饱也是很小心的。

---

① 《论语·学而》：子禽问于子贡曰："夫子至于是邦也，必闻其政，求之与？抑与之与？"子贡曰："夫子温、良、恭、俭、让以得之。夫子之求之也，其诸异乎人之求之与？"
② 《论语·卫灵公》：师冕见，及阶，子曰："阶也。"及席，子曰："席也。"皆坐，子告之曰："某在斯，某在斯。"师冕出。子张问曰："与师言之道与？"子曰："然。固相师之道也。"

甚至，孔子在平时看到穿着丧服的人，看到穿着礼服的人（礼服是去宗庙祭祀穿的衣服），看到盲人，他是"见之，虽少，必作"①：一看到这些人过来，哪怕那是个年轻人，一定赶紧站起身，表示敬意，表示同情。如果这些人正好坐在那里，孔子路过他们身边，怎么样？"过之，必趋"。"趋"，是古代一种步态，在尊长面前，要小步急走，以示庄重、敬意。在盲人和穿丧服的人面前，孔子也是用这样的步子走过去的。可见，孔子尊重地位高的人，也用同样的态度尊重比自己身份低的人。

不掏鸟窝

孔子对动物也有特别的爱心：

子钓而不纲，弋不射宿。②

他不用网捕鱼，因为那样就一网打尽了。他只钓鱼，钓鱼至少是愿者上钩，且捕杀有限。他只射飞着的鸟，不射在鸟巢里安息的鸟。他要给鸟逃生的机会，更主要的是，如果趁着鸟在鸟巢里安息去偷袭，这个行为本身显出人的用心险恶，不光明正

---

① 《论语·子罕》：子见齐衰者、冕衣裳者与瞽者，见之，虽少，必作；过之，必趋。
② 《论语·述而》。

大。孔子不是素食主义者，但是，他有原则：第一，不是什么都吃；第二，不为了吃而不择手段。什么都吃的文化是野蛮的饮食文化；为了吃而不择手段的饮食习惯是野蛮的饮食习惯。

家里有一条狗死了，孔子找来子贡，对他说："把狗好好安葬吧。马死了是用旧的帷幕把它包起来埋葬的，狗死后是用旧的车盖盖着埋葬的。所以为什么人家旧的帷幕不扔掉，旧的车盖也不扔掉呢？是他们要给这些动物预备着。我穷，没有旧车盖，你就拿一领席子把它包起来埋掉吧，千万不要让它的头直接和泥土接触啊！"①

宋代张载讲了一句话："民，吾同胞；物，吾与也。"②对人，我们当然要爱护他，因为人是我们的同胞；自然万物，也是我们的朋友，也要善待啊。张载的这个思想来自于谁呢？来自于孔子。

圣人，从某种意义上讲，就是达到这样一种境界的人：做事小心谨慎，做人卑己尊人。既从容不迫，又内敛含蓄；既大方自如，又不失拘谨羞涩。孔子就在这个高高的境界上俯视着我们，而我们仰望着他。假如我们知道仰望圣人，我们至少成不了小人，我们绝不会堕落。

① 《孔子家语》卷十《曲礼·子夏问》。
② 《西铭》。

第四节

仁者担当

耳顺之年的孔子,因公之鱼从中作梗,失去了重返鲁国的绝好机会。于是,在陈国一待就是三年。

在陈国的三年,生活虽然无忧,壮志却自难酬。他又怎能任由自己的雄心就在平淡的日子里付之东流?况且,弱小的陈国也不太平,和吴国交好则楚国来攻,与楚国交好则吴国来犯。孔子曾经说过:"危邦不入,乱邦不居。"[①]陈国正是一个实实在在的危乱之邦,孔子又怎能以此为安身立命之地呢。

恰好此时,吴国攻打陈国,楚国来救。楚昭王听说孔子在

① 《论语·泰伯》。

陈,准备聘请孔子。孔子也对这个南方大国很好奇、很向往,便决定冒险前往。谁知等待他的,正是平生最大的一次磨难。

陈蔡绝粮

前往楚国,必须经过蔡国。就在陈、蔡之间,孔子一行遭遇了陈、蔡大夫们的阻挠。他们担心孔子去楚国会给自己的权力带来威胁,便指使人将孔子及其弟子围困在荒野之中。孔子和弟子们所带粮食吃完了,陷入孤绝之境。随从的弟子们都饿坏了,爬不起来了。孔子依旧讲诵弦歌,抚琴吟唱。

子路脸上堆满了怨怒,来见孔子。

> 子路愠见曰:"君子亦有穷乎?"子曰:"君子固穷,小人穷斯滥矣。"①

"君子亦有穷乎?"子路的这一问,看起来非常平常,其实非常深刻。它代表着一种观念,可以说是中国哲学史上、伦理学史上的一个重大命题。

子路是个纯朴、天真、热情、内心光明的人。他对孔子、对道德有着非常虔诚朴实的信仰。他的思路是:既然我们是君

---

① 《论语·卫灵公》。

子,是德行高尚、理想纯洁、匡世济民、仁慈博爱的,我们就应该在世界上处处行得通,就应该在世界上处处受欢迎得追捧!难道我们这样的人在人世间还会如此困厄而一筹莫展吗?

显然,在如此险恶的情势下,子路对道德及道德行为的有效性提出了怀疑。他是站在功利的立场来认识道德的。从这一立场出发,得出的结论当然是:一个人,既然是尊崇道德的,既然是按道德的要求做道德之人、行道德之事的,那他就理应受到道德的保护,理应享受实行道德该得的好处和报酬。

但这显然不是道德的本质,道德并不能保证道德之人人生顺遂。希望通过实行道德来保障自己顺遂,更不是人的最高境界。

孔子的回答非常简单,内涵却极为丰富:"君子固穷"——君子本来就应该是常常走投无路的。

孔子的回答很冷酷啊!对于子路这种对道德抱有那么大信仰的人,是很沉重的打击。实际上子路对于道德的有效性抱有这样的信仰,从某种意义上讲是迷信。所以孔子用这样的办法来彻底打破他的迷信:你不要以为做了好人就有好报。我告诉你,做好人不一定有好报。如果你认为做个君子处处都能够行得通,到处都能受欢迎,那我告诉你,错了。恰恰相反,君子正因为他讲道德、讲原则,他追求进取却又有所不为,所以他常常是被掣肘的，时时是被壅阻的，往往是行不通的。

这是对道德极透彻的理解，悲观而又崇高。

孔子的意思：道德只能保证我们成人，而不能保证我们成功。有时两者甚至矛盾：我们必须在不成功中成人，也就是说，在世俗功业的失败中成人。这就是磨砺，这就是考验。

我们是安然接受一次道德的失败？还是孜孜追求一种缺德的成功？是保有人格尊严而失败，还是丧失人格得成功？概括而言：我们是要一次高尚的失败，还是要一种下流的成功？

中国古代的思想家中，除了法家，儒家、道家、墨家都是成人学，而不是成功学。君子以成人为最高追求，小人往往不择手段地去追求成功。君子当然也追求成功，但是，君子在追求成功的时候决不以人格的丧失作为代价，在成功和成人之间必须做出选择的时候，他一定选择首先保有人格的尊严。而小人正相反。

孔子对子路所说的"君子固穷"后面，还有六个字，"小人穷斯滥矣"。什么叫滥？就是放肆。河水在没有泛滥时是在河床里面流动；一旦泛滥了，就到处流动，没有规则没有方向了。小人一旦在他的欲望不能实现、在他的事业不能成功的时候，可能就像河水泛滥，没有方向，没有原则，无所不为。

孔子告诉我们，一个人有没有道德，有没有道德的意识，有没有道德的约束，有没有道德的信仰，结果是不同的。君子固穷，这是现实。但是穷且益坚，穷不失志，"久约不忘平生之言"①，久处困穷也不忘平日的诺言，他永远有尊严，永远有人格。他无论走到哪个地方，会始终保有那样的一种精神，那样的一种气质，那样的一种凛然不可侵犯的高贵。他不会变得猥琐，这就是君子。

据《史记·孔子世家》记载，在陈、蔡之间绝粮的严峻形势下，孔子组织了一场关于道德的讨论。他要用此时的处境，来考察学生们对道德的认识。他显然意识到了，这种特殊的情境正有利于弟子们在思想上对道德的本质进行思考。为了不受干扰地了解不同弟子的思想状况和对道德问题的认识程度，孔子采取了个别谈话的方式。

好人有好报吗

他先叫来牢骚满腹的子路，问他："仲由啊，《诗经》上有这么两句诗，叫'匪兕匪虎，率彼旷野'。我们不是犀牛，也不是老虎，为什么我们颠沛流离，徘徊在旷野，居无定所？是

---

① 《论语·宪问》。

不是我们的主张有问题?"

忠直的子路仍然对道德的世俗功用抱持信心。所以,他还是从自身找问题:

> 意者吾未仁邪?人之不我信也。意者吾未知邪?人之不我行也?

是不是我们还没有真正达到仁德的境界啊?所以人们不信任我们;是不是我们还没有真正达到智慧的高度,所以别人不让我们通行?

子路的话里,包含着一个前提:假如我们是仁德的,假如我们是智慧的,我们就会行得通;现在我们行不通,问题可能就在于我们还不够仁德,还不够智慧。他的这个思路包含了一个很危险的想法,就是对自我的否定——是不是我们错了?

而孔子的回答则再一次试图让他走出道德的世俗迷信。因为,只有走出这种对道德的世俗的功利性的迷信,才能到达道德的崇高本质,才能树立真正的道德信仰,才能预防道德的信任危机:

> 有是乎!由,譬使仁者而必信,安有伯夷、叔齐?使知者而必行,安有王子比干?

是这样的吗?仲由啊,如果仁者一定会得到别人信任,哪里会有伯夷、叔齐?如果智者一定行得通,哪里会有王子比干？伯夷、叔齐不是非常仁吗？王子比干不是非常智慧吗？但是他们是不是让别人信任他了呢？他们是不是就到处都行得通了呢？

恰恰相反，他们的人生结局可以说是很悲惨的。据《史记·伯夷叔齐列传》记载，伯夷、叔齐是商代末年孤竹国国君的两个儿子。伯夷是老大，叔齐是老三。他们为了推让国君之位，双双隐居。他们又为了坚守忠诚和道义，"义不食周粟"，坚决不吃周王朝的粮食，最终双双饿死在首阳山。他们如此仁德，可是最终的结果不是饿死了吗？所以，仁德的人不一定会有好结局。

孔子要打破子路对于道德有效性的迷信，就近乎冷酷地告诉他：好人不一定有好报。但是即使没有好报，你仍然要做好人。这才是对道德的透彻理解。

再看比干。按《史记·殷本纪》记载，比干是商纣王的叔叔，很有智慧。纣王残暴无道，比干去劝谏他。结果纣王非常生气，对比干说，我听说圣人的心有七窍，把你的胸膛剖开，把你的心挖出来看看，是不是真有七窍？就把比干杀了。

伯夷、叔齐是仁者，比干是智者。仁者被饿死了，智者被杀了。结论是什么呢？你有仁、你有智，但是你不一定有好下场。这是结论的第一步。

但是，如果因为有仁有智不一定有好下场，我们就不仁不智，那就变成了小人，就更糟糕了。反之，如果能坚持追求仁，追求智，那就变成了君子。君子和小人的区别就是这样开始的。

做人有最高境界

孔子对子路进行了这一番教诲后，又叫来子贡，拿同样的问题问他。如果说耿直的子路是在道德的有效性上找问题，那善变而精通生意经的子贡，则从道德的适用性上着眼。他说：

夫子之道至大也，故天下莫能容夫子。夫子盖少贬焉？

老师啊，您的道太大了、太高了。因为您的道又高又大，普通人达不到这个境界，一般的诸侯够不着这个境界，天下容不下您，所以我们才有今天的下场。

子贡讲得有没有道理？也是有道理的。孔子不管是碰到卫灵公也好，碰到陈闵公（陈国国君）也罢，这些诸侯，他们在志向上首先就达不到孔子的境界；他们在智力上也无法理解孔子的境界；他们在道德上更不愿意去实践孔子的境界。一个下等的君主碰到一个最高的圣人，怎么能理解圣人的思想？他们之间又怎么能够融合呢？

子贡讲的话，确实是他们多年游说诸侯经验教训的总结。所以他给老师提出了一个小小的建议："老师啊，您能不能稍微把自己的道的标准放低一点，这样别人可能就够得着了。"

从道德的标准和社会的整体道德水准之间的关系来讲，子贡所说也有道理。道德标准如果太高，而社会整体的道德水平又太低，那么这个很高的道德标准对社会道德的校正作用和引导作用就弱了。但是在孔子的时代，主要的问题是这些诸侯们、这些统治阶级，他们的所作所为已经失去了道德底线了。所以不是孔子的道德太高，而是他们的水平太低，他们已经在道德底线之下了。

所以子贡的话也是有问题的：他正确地发现了两者之间的距离太大，但是他错误地认为是由于孔子的道太高。

孔子认为，我们要坚持理想，哪怕这个理想不能够纠正这个黑暗的世道，不能够对这些诸侯形成一种有效的约束，至少我们可以据此控告他们：你们是错的，你们是有罪的。我可能不能约束你，但是，从道义上讲，我可以指责你，我可以起诉你。

什么叫"道"？"道"就是价值判断的标准。什么叫"士"？"士"就是确立这些标准并坚定捍卫它的人。

所以孔子对于子贡的话尤其不满意。子路只是"认知"问题，子贡却是"认同"问题；子路是事实不清，子贡是是非不明；子路只是事实判断问题，子贡则是价值判断问题。一个士，一个"仁以为己任"的士，他可以有很多事实认识不清，但是，在价值问题上，他必须有清醒的头脑，必须有坚定不移的立场。

孔子语重心长地提醒子贡："良农能稼而不能为穑，良工能巧而不能为顺。"干任何一行，都有一个最高的境界：一个最高境界的农民，或者一个农民的最高境界，是只问耕耘，不问收获；一个最高境界的工匠，或一个工匠的最高境界，是只专注于追求自己工艺的精巧，而不问是否赶上了时髦，是否投合了世俗的喜好，是否顺应了市场。排除一切功利心的干扰，才能臻于事业的最高境界。道德境界亦然。最后，孔子严肃地警告子贡："赐，尔志不远矣！"端木赐，你的志向不够远大啊！

君子固穷

孔子叫进来第三个学生，颜回。这是孔子最信任的学生，也是境界最高的学生。孔子用同样的问题问颜回。颜回的回答让孔子笑逐颜开，满心欢喜。终于，他在他的学生里面，找到了一个能够和他在同一境界里的人，这表明他的教育成功了；这更表明，他的思想有了印证，有了呼应。颜回说：

> 夫子之道至大,故天下莫能容。虽然,夫子推而行之,不容何病,不容然后见君子!夫道之不修也,是吾丑也。夫道既已大修而不用,是有国者之丑也。不容何病,不容然后见君子!

老师,您的道很大,您的境界很高(这一点跟子贡讲的是一样的)。您现在的问题是,天下不能容您(这跟子贡讲的也一样)。但是,老师,您就这样坚定不移地推广您的道,推行您的仁义,不被容纳又有什么关系呢?我们为什么要求被容纳呢?大丈夫就要坚持自己呀。而且,如果是我们自己的道还没有修养好,我们自己的仁德还不够,我们的政治理想还不够完善,那是我们的错,是我们的不足,我们应该反省自己。现在的问题不在我们,而是这些有国有家的诸侯大夫们不能用我们的道。既然问题出在他们,我们为什么要担心呢?我们为什么要改变自己呢?不被容纳,恰恰更能显现出君子的本色!

这段话说得慷慨激昂。柔弱的颜回,内心里却有真正的勇敢和坚定,有充沛的道义激情。在这个师生被围困断粮、充满悲观失望情绪的时候,在一片萎靡颓丧的气氛中,颜回这样鼓舞士气的话太重要了。

确实,假如我们换一种眼光——换成孔子、颜回的眼光来看他们此时的处境,那就不再是失败,而是成功。为什么呢?

就世俗功业而言，他们确实没有成功。但就成就君子人格而言，这次绝粮陈蔡，印证了他们的境界。而他们孜孜以求的，就是这种人格的境界。

孔子听完颜回的话，非常高兴。他用开玩笑的口气说：

有是哉颜氏之子！使尔多财，吾为尔宰。①

好样的！这颜家的小子！假如你将来发了财，我给你当管家！

这场讨论结束以后，孔子派了最善于外交的子贡到楚国去搬救兵。不久，楚国的军队到了，他们被接到楚国一个叫负函的边邑。在此主政的是叶公沈诸梁。叶公给了他们很好的款待，一场危难就此化解。

道德不是小红花

孔子在这一次讨论后，也意识到绝大多数人，对道德的理解都是带有功利性的，站在功利性之外去理解道德的人是非常非常少的。

---

① 上所引均见《史记·孔子世家》。

很多人都把道德看成是有效地实现自己人生的工具——我为什么做好人？就为得好报。我为什么不做坏人？是怕受恶报。这样的想法很纯朴，但问题是，这里有个潜在的危险：它使人的道德信仰并不坚定。假如某人坚持做好人，时间长了却发现，做好人不一定有好报，如果没有坚定的道德的信仰，他就会疑惑，甚至绝望，道德就崩溃了，不做好人了。道德的有效性并不是幼儿园老师手中的小红花，只要你做一件好事，马上就发给你。在成人世界里，你也许终生都等不到那朵奖励你良好品行的小红花。那么，你就不做好人了吗？

显然孔子认识到了这一点。他发现即使像子路这样受过他的教诲，并且有真诚的道德追求的人，也对道德的本质有很大的误会，仍然站在道德有效性的层面来理解。所以，孔子曾感慨地对子路说："由，知德者鲜矣！"[①]——仲由啊，真正能够理解道德的人很少啊！

这句话包含了孔子对世道人心的把握。他知道大多数人很难达到这层境界。既然如此，他也就觉得自己更加任重道远，他就更加要坚定不移地以身作则，以自己的行为来引导这些人群走在正确的道路上。从这个角度讲，孔子不仅成人了，成

---

① 《论语·卫灵公》。

为圣人了，最后也成功了，而且是大成功——他影响了一个民族，塑造了一个民族的心灵。这样的大成功，古往今来，谁能与之相比？

因此，从更深远处讲，成人的人最终一定会成功；成功的人倒不一定成"人"。许多成功者，做人往往是失败的；而做人的失败，当是最大的失败，不可复起的失败。

五十五岁到六十八岁，是孔子一生中非常重要的一段时期。整整十四年的岁月，他一直在周游列国。他四处奔波的目的，就是希望找到一个诸侯，能够听从他的教导，能够理解他的思想，从而能够推广他的道义，实现他的理想。但是十四年下来，应该说孔子在这点上是失败的。在这个过程里，他见过很多人，经过很多事。这些人和这些事，虽然没有帮助他实现他政治上的成功，但是对于孔子本人人格上的成功，却是一种不可多得的磨砺。

就在这历久弥新的磨砺中，孔子的人生越来越臻于道德的化境了。

七十从心所欲

第一节 — 天下英才

第二节 — 自由与道德

第三节 — 千秋木铎

第一节

天下英才

经历了陈蔡之围后,孔子被叶公沈诸梁接到了楚国北部边境一个叫负函的邑城。

楚国当时的国君楚昭王,是位有雄才伟略的君主,早就仰慕孔子,准备把方圆七百里的土地分封给孔子。

令尹(楚国的宰相叫令尹)子西问楚昭王:"您手下的外交人才,有没有像子贡那样杰出的?"

楚昭王想了半天,说:"没有。"

子西接着问:"您手下大臣中,能辅佐您的,才能有没有比得上颜回的?"

楚昭王掂来掂去想了又想,只好说:"没有。"

子西又问:"您手下,领军打仗,攻无不克,战无不胜的军事人才里,有没有能和子路相比的?"

楚昭王又把他的将军们排了排,说:"没有。"

子西接着问:"领导政府,协调各个部门,管理干部人事的,能否找到一个比宰予还要厉害的?"

楚昭王再想,还是没有。

于是,子西警告楚昭王:"一旦把七百里的土地封给孔子,等于让孔子在楚国有了一个国中之国。当初楚国初封,就只是一个子男爵,土地只有五十里,而今蔚然成为沃野千里的大国。楚国祖先能做到的,孔子做不到吗?到了那时,楚国是您的,还是孔子的?"

昭王一听,赶紧打消了分封孔子的念头。[1]

但这个故事从一个方面说明了孔子所培育出的弟子,都是天下最杰出的人才。孔子的一生,离不开他的弟子——孔子的光辉沐浴着弟子,而弟子们的风采也衬托着孔子。他们是那个时代的一片璀璨星空。

弟子三千

孔子的学生,有所谓的弟子三千,这是个约数。缩小一

---

[1] 《史记·孔子世家》。

点,"贤者七十二",还有一个说法是七十七。司马迁《史记》里面这两种说法都有。这七十来个人,据说都"身通六艺"。再缩小一点范围,有所谓的"孔门十哲"。

《论语·先进》里讲这十个最杰出的弟子,分四类:第一类,是德行比较优秀的,有四个人,颜渊、闵子骞、冉伯牛、仲弓;第二类,言语比较优秀,就是善于言辞的,有两个人,宰我、子贡;第三类,处理政事比较优秀,即行政人才,两个人,冉求和子路;第四类,"文学"科,指古代文化典籍学得比较好的,子游、子夏。①实际上,孔子非常杰出的学生不仅仅这些,比如曾参就很厉害,孔子去世后,他为孔子思想的传承和发展贡献巨大,但他甚至没有被列入孔门十哲。

在这些杰出的弟子中,如果再缩小一点,颜回、子路和子贡三人是最突出的。当然,按学术成就来说,未必他们一定就最大。

颜回、子路、子贡三人,之所以最突出,除了确实非常优秀之外,还因为他们是所有弟子中跟孔子关系最密切的。周游列国的时候,这三人一直都紧紧跟随孔子,风风雨雨陪伴左右。讨论学问时,也以这三人围绕在孔子身旁较多,互相切磋,一起琢磨。

① 《论语·先进》:子曰:"从我于陈蔡者,皆不及门也。""德行:颜渊、闵子骞、冉伯牛、仲弓。言语:宰我、子贡。政事:冉有、季路。文学:子游、子夏。"

向颜回同学学习

在这三人中,孔子最喜欢的当然是颜回。颜回有一最大的特点,就是"好学",这正与孔子本人最大的优点相同。老师总是喜欢像自己的人,何况孔子还把"好学"作为一个人最重要的优点。

鲁哀公和季康子都问过垂暮之年的孔子:"您的学生中谁是爱好学习的呢?"

孔子回答:"有一个叫颜回的,很好学,不迁怒于别人,不重复犯同样的过错。不幸短命死了。现在就没有好学的人了,再没听到有好学的人了。"[①]

孔子说颜回好学不奇怪,奇怪的是他说除了颜回,没有好学的了。应该说能始终跟着孔子的人,都是好学之人。可是那么多杰出的学生,孔子说跟颜回一比都不算好学。由此可知,颜回好学,是何等的出类拔萃。

孔子是"学而不厌,诲人不倦"的人,他喜欢好学的学生,厌恶不好学的。甚至名列"孔门十哲"的宰我,可能是熬

[①] 《论语·雍也》《论语·先进》。

夜了,大白天在课堂上打瞌睡,孔子就骂他:"朽木不可雕也,粪土之墙不可杇也。"①冉求学习不够坚韧,想打退堂鼓,孔子就骂他半途而废。②

但是,颜回怎么样?颜回是"语之而不惰"③,听老师教导始终不懈怠。诲人不倦的老师,正需要这样不惰的学生。

> 子谓颜回,曰:"惜乎!吾见其进也,未见其止也。"④

颜回死后,孔子叹息道:"真可惜呀!我只看到他学习不断进步,从没见他停止过学习。"

颜回为什么学而不止?他是把学习变成了生活方式,只要生活在继续,学习就在继续,快乐就在其中!

孔子就曾非常自信而又自豪地说:

> 十室之邑,必有忠信如丘者焉,不如丘之好学也。⑤

即便是十户人家的小村邑,也必定有如同我一样忠信的人,只是不会有人像我这样好学啊。

颜回招孔子喜欢的原因之二:悟性高。用我们今天的话

---

① 《论语·公冶长》。
② 《论语·雍也》:冉求曰:"非不说子之道,力不足也。"子曰:"力不足者,中道而废。今女画。"
③ 《论语·子罕》。
④ 《论语·子罕》。
⑤ 《论语·公冶长》。

说，就是智商高。

一个学生如果太笨，老师大概也不大喜欢他。孔子曾说："举一隅不以三隅反，则不复也。"①就如一张桌子，我告诉你一只角，你如果不能够推出另外三只角，我就不再教你了。

有一段时间，孔子甚至对颜回的智商也产生怀疑。为什么呢？因为颜回基本不发言、不提问，甚至不参与讨论。可是，孔子发现，颜回回去后，独自一人把老师讲的话进行反思，他能够有很多出色的发挥。所以孔子感慨："颜回不笨啊！"②

有一天，孔子问子贡："赐（姓端木，名赐，字子贡），你跟颜回比一比，谁更厉害啊？"子贡说："老师啊，我怎么敢跟颜回比呢？颜回听闻一个道理，可以推演知晓十个；我端木赐听到一个道理，只能推演出两个。"孔子一听，很高兴："是啊，你是比不上他啊。其实，我也比不上他呢。"③闻一知十，就是悟性。连孔子都认为自己比不上颜回，可见颜回悟性之高。

颜回让孔子喜欢的原因之三：志向高。

孔子带着子路、子贡、颜回去游鲁国境内的农山。到了山顶上，登高望远，心旷神怡。孔子特别高兴，就说："登高望

---

① 《论语·述而》。
② 《论语·为政》：子曰："吾与回言终日，不违如愚。退而省其私，亦足以发。回也不愚。"
③ 《论语·公冶长》：子谓子贡曰："女与回也孰愈？"对曰："赐也何敢望回。回也闻一以知十，赐也闻一以知二。"子曰："弗如也！吾与女弗如也。"

远,让人心胸开阔,百感交集。你们谈谈自己的志向吧,我来听一听。"

子路说:"两军阵前,我能冲锋陷阵,杀敌立功,拓地千里。"孔子称赞他:"勇敢啊。"

子贡说:"两军之间,我能分析利害,判断情势,解决冲突。"孔子说:"善辩啊。"

颜回一声不吭,孔子说:"颜回你说说。"

颜回说:"文的事情让子贡说了,武的事情让子路说了,我就不要说了。"

孔子说:"他说他的,你说你的。"

颜回说:"辅佐明君,教导人民,铸剑为犁,放马归山。百姓没有生离死别之苦,人们没有旷夫怨女之恨,千年无国家相争之患。"

孔子说:"美哉!德也!"①

孔子对他们三人的志向,都是称赞,但用词不同:称赞子路是"勇哉",称赞子贡是"辩哉",称赞颜回是四个字"美哉德也"。很明显,在孔子心中颜回的志向在两人之上啊!

孔子喜欢颜回原因之四:境界高。

① 《孔子家语·致思》。

颜回安贫乐道，自由洒脱，孔子曾经喜不自禁地连连夸赞，用了两个感叹句：

> 子曰："贤哉，回也！一箪食，一瓢饮，在陋巷，人不堪其忧，回也不改其乐。贤哉，回也！"①

还有一日，子路、子贡、颜回，在一起讨论人与人之间怎么相处。子路说："人善我，我亦善之；人不善我，我不善之。"人对我好我就对他好，人对我不好我也对他不好。子路这个人很直率啊。

子贡说："人善我，我亦善之；人不善我，我则引之进退而已耳。"人对我好我就对他好，人对我不好，我就中规中矩，做得合乎于礼节罢了。没有什么情分，该做什么就做什么。

颜回怎么讲呢？颜回说："人善我，我亦善之；人不善我，我亦善之。"

三个人争执不下，就请老师判断。

孔子说："仲由讲的是野蛮人的话，赐讲的是朋友之道，而颜回所说的是亲戚之道。"②

孔子曾经讲过一句话："泛爱众而亲仁。"③把天下的人都看做自己的亲人，天下人的弱点我都宽容以待。显然，在他看

---

① 《论语·雍也》。
② 《韩诗外传》卷九。
③ 《论语·学而》。

来，颜回比他们更加博爱而且宽容。

有一天子路去见老师，孔子就问他："智者若何，仁者若何？"智者像什么样子？仁者像什么样子？

子路说："智者使人知己，仁者使人爱己。"智者能够让别人了解自己，仁者能够让别人爱自己。

子贡来，孔子拿同样的问题问他。

子贡回答："智者知人，仁者爱人。"

颜回来，孔子又拿同样的问题问颜回。

颜回回答："智者自知，仁者自爱。"

颜回总是能够翻空出奇，总是能够脱出新的境界。[1]

子路登堂了

孔子最喜欢颜回，但是，颜回在《论语》中出现的次数却不是最多的，只有二十一次。在《论语》中出现次数最多的是子路，次数是颜回的两倍，四十二次。这可能和子路是跟随孔子年头最长的学生有关，再说他也是最活跃的学生，而且发言最积极，行动最活跃，所以故事就多。

[1] 《孔子家语·三恕》。

在《论语》里，孔子对颜回基本上全是表扬，可是对于子路几乎全是批评，甚至是打击，而且是无情打击。明代思想家李贽曾经说："先生于子路每下毒手。"[1]

子路为什么老挨批评呢？首先，子路不够好学。

按孔子的说法，子路好仁德、好聪明、好诚实、好正直、好勇敢、好刚强，有这么多优点，却就有一个缺点：不大好学。孔子便警告他：好仁德不好学，结果就是愚蠢；好聪明不好学，结果就是放荡；好诚实不好学，结果就是固执；好正直不好学，结果就是尖刻；好勇敢不好学，结果就是悖乱；好刚强不好学，结果就是狂妄。[2]

实际上，子路只是不大喜欢纸上谈兵，他更看重行动力。他曾做过季氏宰，协助孔子"堕三都"，又做蒲邑宰，政绩相当好。他治理蒲邑三年以后，孔子去看他。一入境，孔子就夸他恭敬而又诚信；一进城，就夸他忠信而宽厚；一进他的官署，就夸他明察善断。

弄得随行的子贡很迷惑："老师啊，您还没有见着子路，就连着夸了他三回了。为什么呢？"孔子说："一入境，我看

[1] 李贽《四书评》。
[2] 《论语·阳货》：子曰："由也，女闻六言六蔽矣乎？"对曰："未也。""居！吾语女。好仁不好学，其蔽也愚；好知不好学，其蔽也荡；好信不好学，其蔽也贼；好直不好学，其蔽也绞；好勇不好学，其蔽也乱；好刚不好学，其蔽也狂。"

到田地被整治得井井有条,杂草被清除得干干净净,田地间的沟渠也开辟得很好。可见他恭敬守信,所以老百姓愿意尽力;一进城,我看见房屋整齐坚固,树木也很茂盛。可见他忠信宽厚,所以老百姓不苟且偷生;一进官署,我看见很清静悠闲,下属都尽心尽职。可见他英明果断,所以为政没有受到干扰。"①

子路老挨骂的第二个原因:好逞勇。

而孔子对"勇"偏偏有戒心。在孔子看来,"勇"既能用于干好事,也可用于干坏事,需要"义"的节制。总体而言,孔子对"勇"保持高度警惕,一般情况下,他不做肯定性评价。

子路碰到这样的老师,他当然很郁闷。子路跟孔子第一次见面时,打扮很可笑:头上戴着像公鸡冠一样的帽子,身上佩戴的是公猪的牙齿。意思就是,我又是公鸡,又是公猪,我是个狠人,是个勇猛的人。

孔子根本不把他放眼里:这算什么啊?这只能显示你的野蛮。人的力量不在于体力,在于脑子;人的可贵不在于你有多勇猛,在于你有没有理智。经过孔子一番教导,子路最终折

---

① 《孔子家语·辩政》。

服，要求做孔子的学生，孔子就是这样把子路收下来的。①

但是江山易改，本性难移。子路觉得自己最大的优点就是勇敢，所以他老是不断提醒孔子。有一天，子路问孔子："君子是不是最崇尚勇啊？"这实际上就是向老师要表扬，可是老师就偏不表扬。孔子说："君子如果好勇而不好义，就会悖乱；小人如果有勇而没有义，就会做强盗。"②

孔子是在提醒子路：勇是危险品。在人生旅程中，不要带着太多这种危险品上路，而是要多带"义"。

孔子曾当着子路的面表扬颜回："用之则行，舍之则藏，唯我与尔有是夫。"孔子一边夸颜回，一边还把其他的学生都贬低下去。子路一听就不干了，马上站出来："老师啊，您哪一天要是带领三军打仗，要谁去帮衬您老人家啊？"孔子明白，子路还是想讨个表扬。可是他就是不给，还给了他一通批评。孔子说："有一些人啊，赤手空拳敢打老虎，徒步涉水敢渡黄河，这是死了都不后悔的莽撞人，我不稀罕他！"③

不过，子路始终是个率直的人，他是诸多弟子中，唯一敢

---

① 《史记·仲尼弟子列传》：子路性鄙，好勇力，志伉直，冠雄鸡，佩豭豚，陵暴孔子。孔子设礼稍诱子路，子路后儒服委质，因门人请为弟子。
② 《论语·阳货》：子路曰："君子尚勇乎？"子曰："君子义以为上。君子有勇而无义为乱，小人有勇而无义为盗。"
③ 《论语·述而》：子谓颜渊曰："用之则行，舍之则藏，唯我与尔有是夫！"子路曰："子行三军，则谁与？"子曰："暴虎冯河，死而无悔者，吾不与也。必也临事而惧，好谋而成者也。"

顶撞孔子的。孔子见了南子，谁给孔子脸色看？子路。鲁国的乱臣贼子公山弗扰来召请，孔子想去，子路不高兴。晋国的乱臣贼子佛肸（xī）召请，孔子想去，还是子路不高兴。子路不高兴，后果很严重，孔子就不敢去了。可见，子路和其他学生有什么区别？其他学生都是听老师的，子路呢？常常要老师听他的。还有，其他学生都是挨老师骂的，他呢？有时也要骂老师的。

他就当面骂过老师迂腐。他们离开鲁国，到卫国去，子路对孔子说："假如卫君等待您去治理国政，您将先做什么事？"孔子说："必须先正名分。"子路说："嘿，看来别人说得对，您还真是太迂腐了！什么正名分？"孔子说："真是粗野啊，仲由！"①

那么，孔子为什么老是不放过子路？他不喜欢他吗？看看下面的故事就知道了。

有一天，几个学生站在老师身边。闵子骞正直而恭顺；子路刚强而直率；冉有、子贡，温和而快乐。孔子看着他们，粲然一笑，但又转喜为忧，说："像仲由这样刚强，恐怕不得好死啊！"②

---

① 《论语·子路》：子路曰："卫君待子而为政，子将奚先？"子曰："必也正名乎！"子路曰："有是哉，子之迂也！奚其正？"子曰："野哉由也！……"
② 《论语·先进》：闵子侍侧，訚訚如也；子路，行行如也；冉有、子贡，侃侃如也。子乐。"若由也，不得其死然。"

与孔子大约同时的老子说:"强梁者不得其死。"子路因为刚强,孔子也担心他可能不得其死。而孔子的担心后来竟成了事实,真的不幸言中:子路后来果然在卫国的"蒯聩之乱"里,被人杀死了。

孔子为什么老是打击子路,折辱子路?孔子为什么对子路"每下毒手"?实际上是爱惜他,希望他有所改变,摧刚为柔,从而能在当时的乱世中容身。这是孔子对子路的爱心啊!

当然,子路是有优点的,老师也想夸他。但是,他经不起表扬,一表扬就骄傲。

有一天,孔子说:"我的道行不通了,我乘上小木筏漂流到海外去,到时能跟随我的,可能只有仲由了吧!"子路一听,高兴得很。孔子便又说:"仲由啊,太好勇了,也就这超过了我,但其余就没有什么可取的了。"①

这是整部《论语》中孔子对子路最大的一次表扬。子路最忠诚,最勇敢,一直是孔子的保镖。孔子深知子路为人,所以,他说,当他完全失败与失望时,子路一人会依旧跟随着他,其他人可能都要作鸟兽散了。这句话对子路来说,确实是很高的道德褒奖。子路本来就最易沾沾自喜,尤其是得了老师

---

① 《论语·公冶长》:子曰:"道不行,乘桴浮于海,从我者,其由与?"子路闻之喜。子曰:"由也好勇过我,无所取材。"

如此高的表扬，而且只他一份，连颜回都没有，他高兴得都不知道自己是谁了。孔子一看，得赶紧让子路好好冷静一番。于是，毫不客气地说："无所取材。"在云头飘飘然半天的子路，又被孔子一闷棍打回地上。

《论语》里，孔子还给过子路一次表扬。孔子说："穿着破旧的丝棉袍子，同穿着狐貉皮袍子的人在一起站着，而不觉得羞惭的人，大概只有仲由吧？《诗经》上说：'不忮不求，何用不臧？'又不嫉妒又不贪，他凭这点就会好。"

受到老师的夸奖，子路马上得意起来了：他整天就念叨着那两句古诗，像是在给自己做广告。

孔子马上又来收拾他：又不嫉妒又不贪，光凭这点哪会好？①

又是当头一棒，子路一定又蔫了。

长期这样折损，最后引起了一个严重的后果：门人不敬子路。

一天，子路跑到老师家里面鼓瑟。子路鼓瑟，一定是刚猛之音，充满杀伐之气。孔子喜欢中和之音，就说："仲由的瑟不该到我家来演奏。"这简直是说仲由都不配做他的学生了。

① 《论语·子罕》：子曰："衣敝缊袍，与衣狐貉者立，而不耻者，其由也与？'不忮不求，何用不臧？'"子路终身诵之。子曰："是道也，何足以臧？"

结果"门人不敬子路"。子路可是大师兄,下面的小师弟们都不敬他,后果很严重。孔子一看,赶紧又为子路挽回名声,说:"子路已经登堂了,他只不过是未入室罢了。"①

学习有三个阶段:一是入门,二是登堂,三是入室。入室,就意味着进入到学问的最深奥阶段。登堂已经很不容易了,境界很高。而且,孔子在这儿明确暗示:子路是登堂弟子了,岂可不敬!

孔子毕竟爱护子路,打也是亲,骂也是爱,回护之情更感人。

子贡是个重器

孔子一生中最密切的三个弟子中,颜回他最喜欢,子路他最亲近,而子贡可以说是孔子晚年的一个依靠。在颜回和子路都死了以后,能够给孔子带来安慰,并且能给孔子各方面关照的就是子贡了。

子贡曾问孔子:"老师啊,我是一个什么样的人啊?"孔子回答:"你,是个器。"

---

① 《论语·先进》:子曰:"由之瑟,奚为于丘之门?"门人不敬子路。子曰:"由也升堂矣,未入于室也。"

"器"不是个好听的词,因为孔子曾经讲过一句很有名的话:"君子不器。"①说子贡是器,等于说他不是君子。这对子贡还是很有一点打击的。

子贡就赶紧问老师:"我是什么样的器呢?"孔子回答:"是瑚琏。"②瑚琏是什么呢?是在祭祀天地祖先时盛放祭品的贵重之器。那个时代,国家大事就是祭祀和战争。可见瑚琏是国之重器。所以,这既是对子贡的褒奖,又是在提醒子贡:修养尚未成功,学习仍须努力。

孔子对子贡不满在哪里呢?他觉得子贡不大安贫乐道,他有追逐财富的欲望;更重要的是,他还有追逐财富的才能。

司马迁在《史记》里专门给商人列了个传记,叫《货殖列传》。《货殖列传》中写的第二位大商人就是子贡,第一位就是陶朱公。其实,陶朱公比子贡晚,所以,我们可以说,子贡是中国历史上第一个进入正史的商人,或者说,第一个以商人身份进入正史的人。当然,他还以孔子学生、外交家的身份进入了正史。

孔子曾感叹:"颜回嘛,道德学问都差不多了吧,可是常常穷得没办法。端木赐不安本分,去做买卖,猜测市场行情常常

---

① 《论语·为政》。
② 《论语·公冶长》:子贡问曰:"赐也何如?"子曰:"女器也。"曰:"何器也?"曰:"瑚琏也。"

能猜中。"①子贡的财富多到什么程度？照司马迁的说法：子贡到各诸侯国去，可与诸侯"分庭而抗礼"。

一般而言，在朝廷上，国君是主，外来的人或者臣子是宾。国君在上面坐着，宾客或臣子在下面行礼，是上下关系。可是，子贡来了，大家不分宾主，在庭中，我站这边，你站那边，彼此拱手，平等行礼。不是上下关系，而是左右关系了，可以在朝堂上平起平坐了。

诸侯为什么对子贡这么平等？因为子贡有财富，而且富可敌国。子贡的财富对孔子也起了很大的作用。孔子周游列国总要有花费，上下打点也好，来回的差旅费也好，可能都是子贡安排的。②

有一次，子贡问老师："贫穷而不阿谀奉承，富贵而不骄傲自大，如何？"孔子说："可以算是好的了。但还比不上贫而乐道，富而好礼。"子贡说："《诗经》上说：'如切如磋，如琢如磨'说的就是这个意思吧？"孔子说："赐呀！现在可以和你谈论《诗经》了。告诉你已知的事，你能举一反三，明白你原先不知道的事了。"③

① 《论语·先进》：子曰："回也其庶乎，屡空。赐不受命，而货殖焉，亿则屡中。"
② 《史记·仲尼弟子列传》。
③ 《论语·学而》：子贡曰："贫而无谄，富而无骄，何如？"子曰："可也。未若贫而乐，富而好礼者也。"子贡曰："诗云：'如切如磋，如琢如磨。'其斯之谓与？"子曰："赐也，始可与言诗已矣！告诸往而知来者。"

师生二人在这里主要讨论了人格的层次。"贫而无谄，富而无骄"，是对正直者的起码要求。更低层次的是"贫而谄媚，富而骄横"，这当然是要不得的。孔子提出的，是更高的层次：贫而乐道，富而好礼。无谄，无骄，只是对不良人生的否定与拒绝；乐道、好礼，则是对道德人生的追求与实践。一是消极的拒恶，一是积极的行善。

所以，子贡马上联想到了《诗经》中的句子："如切如磋，如琢如磨。"人的道德修行就如同琢玉。先切，再锉，再琢，再磨，一步一步趋于晶莹剔透的造化之境。子贡能从《诗经》中悟出人生的道理，如此举一反三也确实聪明，受到老师的高度赞扬，是他应得的褒奖。

还值得思考的是，子贡如此询问孔子，表明他很关心有钱后该怎么样。我们有太多的人关心如何才能有钱，太少的人关心有钱以后怎么样。就凭这一点，应该向子贡学习。

但是，子贡的主要成就，还是在外交上。

《左传》上有很多子贡成功外交的案例。《史记·仲尼弟子列传》上也有一段，颇有传奇色彩。田常想在齐国专权，便派兵攻打鲁国。孔子此时在卫，听闻后，就很担忧，对学生说："鲁国，是我父母安葬之地，是我生养的地方。现在有了危险，你们为什么不去援救？"

子路率先说:"我去。"孔子摇摇头。子张、子石说:"我去。"孔子也摇摇头。他在等一个人。只有这个人才能救鲁国。子贡明白了老师在等谁。他站出来:"老师,我去。"孔子终于点头。

子贡出使,却没有直接去鲁国,他先去了齐国,见田常。他利用田常发动战争只为浑水摸鱼以专权齐国的心理,说服他不打鲁国打吴国。

为了能调开早已屯兵齐鲁边境的齐军,他接着去了吴国。吴王夫差有称霸之心,子贡就对他说:"真正的王者不会让诸侯属国被灭掉,霸者也不会容忍有对手。现在齐国要攻打鲁国,要让鲁国听他的,不听您的,您能容忍吗?"吴王说,不能容忍啊。但他担心,后面的越国会在背后捅刀子,想灭了越国再打齐国。

接着,子贡去了越国。越王勾践听说吴国想灭越国,很紧张。于是子贡指点勾践变被动为主动,主动协助吴国进攻齐国,引吴国的矛头转向北方。子贡给勾践分析说:吴国输了,对您有利;吴国打赢了,他会再北上进攻晋国。

越王不明白:"如果他进攻晋国再赢了呢?那不麻烦大了?"子贡说:"我让他赢不了。我再去一趟晋国。"

越王采纳了子贡的建议,主动派兵帮助吴国攻齐。吴王随即挥师北上，果然大败齐国。齐国一败，鲁国的危机解除了。

随后，吴国果然又如子贡所料，移兵攻打晋国。晋国因为早有子贡的告诫，严阵以待，打败了吴军。

南方的越王勾践一看，机不可失，报仇的时间到了，大举兴兵攻打吴国。吴王得知后院起火，赶紧从北方撤兵，回国救援，三战不胜，首都失守。最后，越王杀了吴王，灭了吴国，从此称霸。

对此，司马迁评子贡这一传奇外交才能，说：

故子贡一出，存鲁，乱齐，破吴，强晋而霸越。

子贡一使，使势相破，十年之中，五国各有变。①

孔子批评子贡："我只让他救鲁，后面的事都是不该干的。"

子贡可谓纵横家之祖，而孔子也许已经预见到战国纵横家三寸不烂之舌的出现并对此加以警惕了。

孔子返回鲁国后，子贡成了鲁国的专职外交家，在外交舞台上折冲樽俎，纵横捭阖，为鲁国争取战场上拿不到的利益。要知道，子贡是卫国人，之所以这样帮着鲁国，就因为老师是鲁国人。后来老师去世了，子贡为他守丧六年，六年后他回到卫国，为卫国尽力去了。

---

① 《史记·仲尼弟子列传》。

自绝于日月

子贡不仅维护鲁国，他还维护孔子。晚年退守家中专心学术的孔子，遭到了一些无知浅薄之人的攻击。其中，叔孙氏的宗主叔孙武叔最为代表。

叔孙武叔在朝廷上对大夫们说："子贡强于孔仲尼。"子贡当时为鲁国做了好多大事，子贡确实很强。但是，要说子贡比孔子强，就一定不对了。子服景伯把这话告诉了子贡。子贡说："就如同房舍的围墙，我的围墙只到肩膀，因而人们都能窥见里面的美好。我老师的围墙有数仞高，找不到门进去，光在外面看不到宗庙的美好和官殿的丰富多彩。找得到门进去的人可能很少吧。叔孙武叔老先生的话不也很自然吗！"①

这是对叔孙武叔含蓄的回击，意思是说你还没有摸着我老师的门呢，说出这样无知的话，很正常。

其实，按照王充《论衡·讲瑞》的说法，子贡自己认知到孔子之伟大，也有一个过程："子贡事孔子，一年自谓过孔子；二年，自谓与孔子同；三年，自知不及孔子。"

---

① 《论语·子张》：叔孙武叔语大夫于朝，曰："子贡贤于仲尼。"子服景伯以告子贡。子贡曰："譬之宫墙，赐之墙也及肩，窥见室家之好。夫子之墙数仞，不得其门而入，不见宗庙之美，百官之富。得其门者或寡矣。夫子之云，不亦宜乎！"

后来,叔孙武叔又一次诋毁仲尼。子贡说:"不要这样啊!仲尼是诋毁不了的。其他人的贤德,如同小山小丘,还可以越过;仲尼,那是太阳和月亮啊,是无法越过的。即使有人要自绝于太阳和月亮,对太阳和月亮又有什么损伤呢?只能显出这种人的不自量力啊!"①

这次子贡对叔孙武叔的嘲弄就更加尖锐了。要知道,叔孙武叔可是鲁国的三大家族之一,是鲁国的司马,而子贡只是个外来的客卿。但是,即便双方实力悬殊,只要涉及对老师的评价,子贡便毫不客气地予以回击。

在孔子去世以后,陈子禽也对孔子加以诋毁,他对子贡说:"您对仲尼是故意表现恭敬吧,他哪里比您更强呢?"子贡说:"君子一句话可以显出聪明,一句话也可以显出愚蠢。说话不可不谨慎啊。我们老师的不可及,就像天是不能通过阶梯登上去的。我们老师如能获得权位,就会像人们所说的:他要建立什么,什么就建立了;他要引导百姓,百姓就会前进;他要安抚百姓,百姓就会归附;他要发动百姓,百姓就会团结协力。他生的光荣,死的哀荣。像这样谁能比得上呢?"②

---

① 《论语·子张》:叔孙武叔毁仲尼。子贡曰:"无以为也,仲尼不可毁也。他人之贤者,丘陵也,犹可逾也;仲尼,日月也,无得而逾焉。人虽欲自绝,其何伤于日月乎?多见其不知量也!"
② 《论语·子张》:陈子禽谓子贡曰:"子为恭也,仲尼岂贤于子乎?"子贡曰:"君子一言以为知,一言以为不知,言不可不慎也。夫子之不可及也,犹天之不可阶而升也。夫子之得邦家者,所谓立之斯立,道之斯行,绥之斯来,动之斯和。其生也荣,其死也哀,如之何其可及也。"

这几次言语的交锋都有关孔子的名声,并且还反映出,当时不少人认为子贡比他老师还强。这让子贡很惶恐。一方面,维护老师的声望,是做弟子不可推卸的责任;一方面,子贡也不能不明确表态。所以这三次都是子贡在为老师辩护和宣传。

子贡是出色的外交家,也是成功的商人。他得到很多人的好评,获得很大的声誉,是可以理解的。实际上,就学问的广博,思想的深刻,人格的伟大等诸多方面看,孔子确实远在一般人之上,也远在子贡之上。但一般人评论人物,只看他世俗的成功,至于人格、思想、学问等等内在的东西确实非一般人所能了解。于是,风流倜傥、腰缠万贯的子贡,被人认为强于内涵深沉的孔子,也就可以理解了。

然而,子贡毕竟是孔子的学生,他评点人物的眼光和见识自然也高于其他人。他的自谦,再一次证明了他的聪明——假如还不足以证明他的贤德的话。

孔子能够得到颜回、子路、子贡这样的一批英才而培育之,是孔子人生的乐事。而颜回、子路、子贡这样的英才能追随孔子,沐浴在孔子的德风之下,更是他们的人生乐事。

第二节

自由与道德

鲁哀公十一年,公元前484年,六十八岁的孔子,终于结束了长达十四年的周游列国生涯,返回了自己的祖国——鲁国。

孔子返鲁,说起来,还得益于弟子冉求。我们前面提到过,在孔子六十岁那年,鲁国大夫季桓子临终前曾要接任执政之位的儿子季康子召孔子回国,但被一个叫公之鱼的阻止了。季康子为了回避不遵父亲遗命的责任,采取了折中办法,召冉求回到鲁国任用。子贡了解老师心里的失望,特意在一边嘱咐冉求回国一定要找机会,让鲁国召老师回国。

冉求没有让老师失望。他回去后，做得很有成就，在季康子手下做家臣。终于，这一年，机会来了。

叶落归根

这年春天，齐国攻打鲁国，军队驻扎在清（今山东东阿县，大清河西），季康子问计于冉求，并让冉求率领左师，和孟孙氏家军队组成的右师一同迎敌。给冉求做副手的，是孔子的另一个弟子樊迟。结果，右师一触即溃，而冉求和樊迟率领的左师却把齐国军队打得溃不成军，连夜逃走了。

战争结束后，季康子对冉求刮目相看。因为冉求原先表现才干的地方是经济、财政方面，他万没想到，冉求竟然还能打仗。他禁不住好奇心，问冉求："你对于战争，竟然也如此精通。你是后天学习的？还是天性就善于作战？"

冉求回答："我是向孔子学的。"

听冉求说他的军事才能是跟孔子学的，季康子对孔子充满好奇，说："孔子到底是什么样的人呢？"

冉求说："任用他，一定会获得美名。他办事，无论是对百姓，还是对鬼神，都没有遗憾。"

季康子说："我想召他回国，可以么？"

冉求说:"当然可以。就是不要再被小人破坏了。"①

为八年前季康子听信小人公之鱼的话,没有按照他父亲的遗言召回老师,冉求这话,也算小小地报复了一下季康子,也是对他的一个提醒:不能再听信小人的谗言了。

于是,季康子终于下定决心,召孔子回国。

实际上,季康子这次召孔子回国,还应该有两点考虑:

第一,他以前担心的是,孔子回国,和他会发生政见上的冲突。现在,他无须担心了。因为,那时的孔子是六十岁,现在的孔子是六十八岁。六十岁的孔子还会直接介入政坛,他不放心。六十八岁的孔子,不可能再直接介入政坛了。

第二,孔子这么高龄了,万一死在他国,季康子是要招致国内、国外各方面批评和非议的,鲁国政府也会很没面子。

所以,现在召回孔子,已经是有利而无害了。

孔子十四年的流浪,终于结束了。去国之时,五十五岁,年富力强;归国之日,六十八岁,苍髯白发。

回国后的孔子,面对的是一个物是人非的伤怀局面。

他的妻子在他回国的前一年,就去世了。奔波于列国的孔子,甚至都未能和妻子见上那最后一面,十四年前他与妻子的

---

① 《史记·孔子世家》。

生离也就变成了死别。可以想象，当年迈的孔子返回故国，步入家园，目睹妻子的遗物，浮想妻子的遗容，怀念与她相濡以沫的数十年沧桑岁月，这位充满悲天悯人情怀的哲人，内心又会掀起怎样的波澜？

其次，当年的鲁定公、季桓子也早已去世，而今是鲁哀公为国君，季康子为执政，鲁国的政坛也早已非昔日可比。曾经一度可能走向清明的政治，趋于繁荣的国运，早已江河日下，宛然若梦。

颠沛风尘，又满腔赤诚的孔子心中，面对着这惨淡的山河故园，又岂能不怅惘忧叹？

国事顾问

然而，圣人的心毕竟是宏远辽阔的，毕竟是坚毅刚强的，因为他有"仁以为己任"的担当，有"死而后已"的信念。怅惘也罢，忧叹也罢，最终都将化为一股浩气，成为其人生迈向更高境界的最深沉的底蕴。孔子即将进入他人生的最后也是最高的阶段：从心所欲不逾矩。

社会的最高境界是和谐，心灵的最高境界是安详。心灵和社会之间的完美融合，就是——从心所欲不逾矩。

返回鲁国后的孔子，被国家奉为"国老"，也就是国事顾问。虽没有实际行政的权力，也可以参与政治，商议政事，获得相当的尊重。

后来的孟子曾经说过，一个人，要受人尊重，有三点：一是地位高，二是年龄大，三是道德学问高。① 此时的鲁国，鲁哀公也好，季康子也罢，都是孔子的晚辈。孔子与他们的父亲共事，纵横捭阖的时候，他们还在旁边看热闹呢。所以，孔子是实实在在的长辈。虽然世俗地位比不上他们，但是孔子是闻名遐迩的名人，拥有巨大的政治声望和民间影响。至于道德学问，就更不用说，二者已不具备可比性。

在这期间，鲁哀公、季康子就如何治国曾多次向孔子请教。而孔子也不失时机地弘扬自己的政治理念和治国方略，甚至有时给他们提出坦率而直接的批评。

有一次，鲁哀公问政于孔子。孔子回答说："政治的当务之急，莫大于让人民富有而且长寿。"

鲁哀公说："让他们富，也许是我的责任。让他们寿，这好像是天决定的，我无能为力。"

孔子曰："省掉劳役，减轻赋税，老百姓就富了。敦促人民

---

① 《孟子·公孙丑下》："天下有达尊三：爵一，齿一，德一。"

奉行礼教，远离犯罪和疾病，老百姓就寿了。"①

鲁哀公还问过孔子这样的问题："怎样做才能使百姓服从？"孔子答道："举用正直的人，置于邪曲的人之上，百姓就会服从了；如果把邪曲的人，置于正直的人之上，百姓就不服从了。"②

我们要这样看：鲁哀公既然问如何才能让百姓服从，显然是百姓此时并不服从。所以，孔子的回答，实际上就是在批评鲁哀公任用了奸邪之徒。

鲁哀公还曾问过孔子一个颇有意思的问题。他说："我听说健忘症厉害的人，出门就会忘掉自己的妻子。有这样的人吗？"

孔子回答："这还不是最厉害的，最厉害的是忘记了自己的身体。"

鲁哀公很吃惊："有这么严重吗？"

孔子说："暴君夏桀，贵为天子，富有四海，后来他忘掉了圣祖之道，破坏了典章制度，荒于淫乐，耽湎于酒，最后弄得天下人杀了他。这不是忘掉自己的身体了吗？"③

---

① 《孔子家语·贤君》：哀公问政于孔子．孔子对曰："政之急者，莫大乎使民富且寿也。"公曰："为之奈何？"孔子曰："省力役，薄赋敛，则民富矣；敦礼教，远罪疾，则民寿矣。"公曰："寡人欲行夫子之言，恐吾国贫矣。"孔子曰："诗云：'恺悌君子，民之父母。'未有子富而父母贫者也。"
② 《论语·为政》：哀公问曰："何为则民服？"孔子对曰："举直错诸枉，则民服；举枉错诸直，则民不服。"
③ 《孔子家语·贤君》：哀公问于孔子曰："寡人闻忘之甚者，徙而忘其妻，有诸？"孔子对曰："此犹未甚者也，甚者乃忘其身。"公曰："可得而闻乎？"孔子曰："昔者夏桀，贵为天子，富有四海，忘其圣祖之道，坏其典法，废其世祀，荒于淫乐，耽湎于酒，佞臣谄谀，窥导其心，忠士折口，逃罪不言，天下诛桀而有其国，此谓忘其身之甚矣。"

这其实是在警告鲁哀公。

还有一次,鲁哀公赐给孔子桃子和黍子。鲁哀公说:"请吃吧。"

孔子先吃黍子而后吃桃子,鲁哀公的左右皆掩口而笑。

鲁哀公告诉孔子:"黍子不是吃的,是用来擦拭桃子的。"

孔子回答:"我知道。可是,黍子,是五谷之首,祭祖祭天地都把它当作上等贡品。而水果有六种,桃子排最后一位,祭祀不用,不登郊庙。现在拿尊贵的黍子去擦拭低贱的桃子,我觉得是不知好歹,贵贱不分。我认为这种做法妨碍教化,有害于义,所以,我不敢这么做。"

孔子在暗讽鲁哀公治国不分主次,舍本逐末,追逐享受而忘掉根本。孔子还在暗示鲁国的政治:贵为国君,却要在大夫(三桓)面前低三下四,成了他们的傀儡,唯他们的马首是瞻,贵贱颠倒。这也正触动了鲁哀公的心事,鲁哀公感叹:"说得好啊!"①

鲁哀公后来谋除"三桓"不成,出奔国外,结局和鲁昭公一样惨。

对鲁哀公,孔子还是尊敬的。对季康子,孔子的语气就更

---

① 《孔子家语·子路初见》。

加凌厉了。

季康子向孔子请教如何治理国家。孔子回答道:"政,就是正。您带头走正道,谁敢不走正道?"①

这不就是骂季康子带头不走正道吗?

政,就是正。孔子的这个解释,可以把很多东西排除在政治之外:比如政治手腕、权术等等。这些不正的东西成为政治的主要内容,政治就变味了。让我们记住孔子的话:政者,正也。用正当的手段推行公正和正义,倡导公平和平等,这才是真正的政治,能够做到这些的才是真正的政治家。

当时的鲁国可能盗贼猖獗,季康子正为盗贼烦恼,就向孔子询问该怎么办。曾经做过鲁国司寇,且政绩卓著的孔子回答说:"假如您不贪财利,就是奖励盗窃,也没有人去干。"②

这就是直接骂季康子和那些盗贼是一路货色。

可以这么说——晚年回鲁的孔子,就是鲁国的良心;春秋末期的孔子,就是春秋时代的良心;去世以后的孔子,就是整个民族的良心。

---

① 《论语·颜渊》:季康子问政于孔子。孔子对曰:"政者,正也。子帅以正,孰敢不正?"
② 《论语·颜渊》:季康子患盗,问于孔子。孔子对曰:"苟子之不欲,虽赏之不窃。"

为往圣继绝学

孔子晚年做的第二件大事，是整理古代文化典籍。

鲁国政府尊他为"国老"，待遇也相当不错。没有了生计之忧，孔子可以将精力全部投入教学和古代文献的整理之中。

五千年的中华文化，伟大而独特，令每一个国人都为之自豪。"四书五经"，作为传统文化的最核心部分，更是家喻户晓。"四书五经"，总共九本书，八本跟孔子有直接关系：《诗》《书》《易》《礼》《春秋》《大学》《中庸》《论语》。还有一本《孟子》，与孔子有没有关系，大家都知道：没有孔子，就没有孟子。

整理这些文化典籍在一般人看来可能很枯燥。但是，孔子是带着巨大的历史责任感在做这件事，他要传递文化之火。

柳诒徵《中国文化史》说：

> 孔子者，中国文化之中心也。无孔子则无中国文化。自孔子以前数千年之文化，赖孔子而传，自孔子以后数千年之文化，赖孔子而开。

当然，孔子做这样的事，也有他的乐趣在。

子曰："知之者不如好之者。好之者不如乐

之者。"①

对事业和学问而言，掌握它的人，不如爱好它的人；爱好它的人，不如以它为乐的人。孔子正是一位"乐之者"。所以，即便是整理和研究《周易》这部抽象深奥的著作，孔子也充满了热情。《史记·孔子世家》说孔子："读《易》，韦编三绝。"孔子晚年对《周易》的研究开创了一个新的时代，几乎是将这部古代的卜筮之书点铁成金，令其脱胎换骨，成为总揽人物、包举宇宙的哲学大书。现存的中国历史上第一部编年体史学著作《春秋》，也在此时正式开始写作。至于《诗经》，就更加适合孔子的性情了。"三百五篇孔子皆弦歌之"，每一首孔子都能弹琴歌唱。这哪里是在苦做学问？这简直就是极大的艺术享受！

晚年的孔子做的第三件大事，就是继续教学生。

孔子的私学，从他三十岁左右创办起，经历了他从齐国回到鲁国后整整十四年的坚持，以及他周游列国期间的非正常办学，而在他最后再回鲁国直至逝世的五年里，达到了极盛。除了颜回、子路、子贡、冉求之外，一批更为年轻的学生，开始崭露头角，脱颖而出。其中，子游、子夏、子张等后期俊秀，

---

① 《论语·雍也》。

也开始出人头地。子游，比孔子小四十五岁（亦说小三十五岁），子夏，比孔子小四十四岁，两人都是文学科的青年俊秀。他们一边帮助孔子进行文化典籍整理，成为孔子的得力助手，一边也渐渐树立起自己的名声，与德行科的颜回、闵子骞、冉伯牛、仲弓，言语科的宰予、子贡，政事科的冉有、季路并驾齐驱。另外，还有曾参、澹台灭明等一批学生也在蓬勃成长。长江后浪推前浪，一代更比一代强。看着自己的学说后继有人，孔子的心里，一定是十分欣慰的。

解放自己

随着学生的成长，典籍的整理，国事的发展，此时的孔子，在德行上也逐渐臻于至善。正如他自己所说："从心所欲不逾矩。""从心所欲"就是自由，"不逾矩"就是不违背道德。也就是说，经过岁月的磨砺，自我的砥砺，此时的孔子已经达到了自由和道德真正融为一体的境界了。

实际上，孔子谈自己的一生，除了《论语·为政》篇的"吾十有五而志于学"这一段外，还有《论语·子罕》这一段：

子曰："可与共学，未可与适道；可与适道，未可与立；可与立，未可与权。"

能够一起学习的人，未必能够一起达到"道"的境界；能够一起达到"道"的境界的人，未必能够一起立身于"道"中；能够一起立身于"道"中的人，未必能够与他一起灵活运用"道"。

在这里，孔子说了四种层次的人：一起学习的人；一起领悟道的人；一起立身于道的人；能灵活运用道的人。

"吾十有五而志于学"一段讲的最高境界是"从心所欲不逾矩"，而"可与共学"一段讲的最高境界是灵活运用道，是权变。把两段放到一起比较，就可以得出结论：人生的最高境界是什么呢？是自由的境界，又是道德的境界；是自由与道德融为一体的境界；而灵活运用道的过程，也正是自由与道德融合的过程。

真正的道德人格一定是自由的人格；真正的道德人生一定是自由的人生；真正的道德社会一定是自由的社会。孔子，以其一生的修行，告诉了我们道德与自由的这种关系。到达这种境界的人是宽松的、从容的、愉悦的、自由的，又是合乎道德的、体面的、高贵的。人生的最高境界，是自由和道德的融合。

有一天，子夏问孔子："老师，在我这些同学中，颜回怎么样？"孔子说："颜回在诚信上比我孔丘好。"

子夏接着问:"子贡怎么样?"答:"子贡比我聪明。"

子夏越听越紧张:"那子路怎样?"孔子说:"子路比我勇敢。"

子夏接着又问:"子张怎样?"孔子说:"子张比我庄重。"

问了四个人,一个比老师更诚信,一个比老师更聪明,一个比老师更勇敢,一个比老师更庄重。

子夏有点糊涂了:"老师,他们都比您强,那凭什么您做他们的老师,他们又为什么那么服您呢?"

孔子说:"颜回很诚信,但他不会通融,处理问题时,比较缺乏弹性;子贡很聪明,但少一点笨劲;子路很勇敢,但缺少一点胆怯;子张很庄重,但他正襟危坐,不苟言笑,缺少与别人打成一片的亲和力。"

他们都只有一面,都缺少另一面。比如聪明,好不好?好。但是,人一定还要有一点笨劲,才能有所成就。人一定要有个稳定的心性、稳定的气质。世上没有一蹴而就的好事,凡事总要有个做的过程,要想成功就需要这股笨劲。巧劲可以让你事半功倍,笨劲可以让你坚持下去。光有巧劲没有笨劲,往往半途而废、一事无成。

最后,孔子说:"以上四人各有突出的优点,而且这些优点都超出了我。但是他们还是要来跟我学，就是因为，他们缺少另外一面的东西。"①优点的背后往往隐藏着缺点。

《论语·子罕》：

> 子绝四：毋意，毋必，毋固，毋我。

孔子杜绝了四种缺点：主观，绝对，固执，自我。

其中，"必"是他深恶痛绝的四个东西之一，并且排在第二。为什么孔子如此反对"必"呢？

第一，"必"就是极端。孔子反对极端，这一点前面已经讲过。

第二，必然是自由的反义词。人生中"必"多了，心灵的自由就少了。社会里"必"多了，人民的自由就少了。

第三，我们心中有太多的必然，我们的思想就被束缚了，我们就失去了想象力。而且，在生活中，我们还会变成对人对己都苛酷的人，不宽容的人。结果是，我们心灵的自由和生活的自由都将失去了。

杜绝了四种缺点后即是"通达"。知识融会贯通，处事不粘不滞，为人宽容仁慈。在私人生活领域，孔子是主张自由而宽松的。

---

① 《孔子家语·六本》。

所以，孔子曾说过："言必信，行必果，硁硁然，小人哉！"①

孔子认为：许下诺言，不问是非曲直，一定守信，做事也不论结果好坏，一定要做到底，也只是境界不高的人。

举一个例子来看，这个"言必信，行必果"是否有问题。

周游列国时，有个叫公良孺的学生，带着自己的五辆兵车和士兵跟随着孔子，经过蒲这个地方，被当地人包围了。公良孺身高马大，仗着自己的兵车和对方打起来了。对方一看，也害怕了，就说："孔丘只要答应不去卫国，我们就放你们走。"孔子一听，就说："好，答应你们，不去卫国。"等蒲人一撤，孔子把马车一赶，说："走，我们到卫国去。"

弟子们很不理解："老师，您刚跟人家盟誓过，怎么说话不算数？"

孔子说了一句意味深长的话："要盟也，神不听。"②被逼签订的盟约，神灵是不会认可的。

这个极端的例子可以说明：言而有信，行而有果，对；但"言必信，行必果"肯定不对。世界太复杂，事物也是多种多样、千变万化的。一旦绝对化，就可能陷自己于不仁不义。假

---

① 《论语·子路》。
② 《史记·孔子世家》。

如有人拿枪逼着你许诺杀人，你被迫答应后，真的要杀人来兑现承诺吗？

后来孟子说：

大人者，言不必信，行不必果，惟义所在。①

有些时候，我们受情境的制约，或者受蒙骗，错许了诺言，待真相大白以后，幡然猛醒了，还要去兑现那个诺言吗？万事都要有原则有权变。所以，"言必信，行必果"还和另一个人生重要原则相冲突，那就是：知错就改。所以孔子要说：

君子贞而不谅。②

意思是：君子守信，却不固执。确实，人生无所坚持，见风使舵，毫无原则的，是小人；有所坚持的，是"贤"人；懂得权变的，是"圣"人。

子曰："君子之于天下也，无适也，无莫也，义之与比。"③

君子对于天下万事万物，没有一定要怎么做的，也没有一定不要怎么做的，他只是做到努力合理恰当就行了。做事做人，哪有那么多的条条框框，僵死的教条？况且天下事，千变万化，无常势，无定形，如何能用条条框框去套用？只要努力

---

① 《孟子·离娄下》。
② 《论语·卫灵公》。
③ 《论语·里仁》。

求得合情合理，合乎于"义"就够了，就是一个君子了。

人生化境

我们来看看《论语·述而》中描述的孔子的气质：

子之燕居，申申如也，夭夭如也。

孔子在家闲居时，整齐而安详，和悦而愉快。既不像有些人凌乱邋遢，也不是一丝不苟，弄得紧张而不放松。他轻轻松松、舒舒坦坦、悠然自在。

子温而厉，威而不猛，恭而安。

孔子温和而又严肃，威严却不凶狠，恭谨而又安详。看似很矛盾的气质在他那里却和谐地融合在一起。这是多么有魅力的气质。在生活中可是很难碰到这样有气质的人啊。

有一天，孔子感慨地说："我们的人生啊，在《诗经》中开始，在礼制中建立，在音乐中完成。"①

《诗》是一个人立足于社会的前提，是人生的开始；"礼"是人行为的准则，遵循这种准则，方可建树人生的大厦；音乐可以陶冶人的性情，有音乐的熏陶，人才能享受生

---

① 《论语·泰伯》：子曰："兴于《诗》，立于礼，成于乐。"

命，且使自己崇高而不僵硬，纯洁而不刻薄，严格而不苛酷。所以，《诗》、礼、乐可以看做是人生修养的三境界，人格养成的三阶段。而值得我们注意的是，最高境界，乃是音乐，一种融合的境界，一种艺术的境界，一种高贵的化境。

　　孔子凭借自己持之以恒的修炼，在跨过古稀之年的门槛时，终于让自己达到了这一至高无上的人生化境，享受着道德与自由融合的高度与喜悦。

第三节

千秋木铎

人生中最后几年的孔子，在教育学生、整理文化典籍、参议政治之余，本应有一个更加平静的晚年，却偏偏噩耗连连，给这位饱经人世风雨的老人，这位一心想着天下苍生的哲人余生，涂抹上了一层浓重的感伤和悲凉。

白发人送黑发人

据《论语·季氏》记载，弟子陈亢曾经问孔子的儿子孔鲤："你从你的父亲那里听到过与别人不同的教导吗？"孔鲤回答："没有。有一天，父亲一个人站在那里，我快步经过庭院。父亲问：'学过《诗》吗？'我回答：'没有。'父亲说：'不学《诗》，就不会说话。'我回去就学《诗》。又有一天，父亲又一个人站在那里，我快步经过庭院。父亲问：'学过礼吗？'我回答：'没有。'父亲说：'不学礼，就不能在社会立足。'我就回去学礼了。我只得到这两次教导。"陈亢回去后高兴地说："问了一件事，得到三个收获：听到学《诗》的意义，听到学礼的好处，也知道了君子并不偏向自己的儿子。"①

也许是孔子的光辉实在耀眼，孔子唯一的儿子孔鲤竟然显得何等默默无闻，黯然失色。然而，我们不能忘却：在孔子为传授弟子日夜操劳，无心顾及家事的时候，是孔鲤陪伴在他母亲身旁；在孔子为鲁国的政治攘外安内的时候，又是孔鲤在家中照料；尤其是在孔子周游列国的漫漫岁月中，家中唯一的顶梁柱就是孔鲤，他必须在父亲远离故土时，长期地守护家园，敬养日渐衰老并日夜牵挂着父亲安危的母亲。孔子能够安心地在列国间寻觅能够实现自己理想的地方，弘扬儒家文化，如果没有孔鲤在家中的守望，恐怕在孔子的心中自会生出更多的不

---

① 《论语·季氏》：陈亢问于伯鱼曰："子亦有异闻乎？"对曰："未也。尝独立，鲤趋而过庭。曰：'学诗乎？'对曰：'未也。''不学诗，无以言。'鲤退而学诗。他日又独立，鲤趋而过庭。曰：'学礼乎？'对曰：'未也。''不学礼，无以立。'鲤退而学礼。闻斯二者。"陈亢退而喜曰："问一得三，闻诗，闻礼，又闻君子之远其子也。"

安和惆怅。

从孔子对儿子"学诗乎""学礼乎"的问询,我们看到了孔子对于儿子学习的关怀,也看到了一个父亲对于儿子学习情况的陌生——身为父亲的孔子,一生中能够真正给孔鲤的时间能有几何?能够真正用来教导孔鲤的时间又有几何?他将自己的时间和精力更多地奉献给了他坚守的理想、他敬仰的文化、他为之牵肠挂肚的天下,以及那一批批围聚在他周围的弟子。

孔子重返鲁国,终于可以和唯一的儿子朝夕相处了。身为父亲,孔子可以享受儿子对他的孝敬;身为儿子,孔鲤可以更多聆听父亲的教诲。然而,这样的天伦之乐,孔子仅仅享受了两年,孔鲤就撒手人寰,先孔子而去了,年仅五十岁,而孔子那时业已七十岁了。这是白发人送黑发人的悲剧。人生三不幸:早年丧父,孔子碰上了;中年丧偶,妻子在他五十五岁时与他生离成死别;在他回国前一年去世;晚年丧子,唯一的儿子,也先他而去。

孙子孔伋此时还在襁褓之中,甚至有人说,孔伋可能是孔鲤的遗腹子,是孔鲤死后才出生的。如果真是这样,七十岁的孔子,儿子死了,孙子出生了,看着一生下来就没有父亲的孙子,想起自己自幼也失去父亲,心中又会平添多少的感伤啊!

呼天哭颜回

然而，更严重的打击还在后头。孔子七十一岁时，他最最喜爱的弟子颜回，又英年早逝，年仅四十一岁。孔子仰天长叹，声泪俱下：天灭我啊，天灭我！孔子早就把颜回看成了自己的儿子，而且，颜回也早就把孔子看成了自己的父亲。

遍读《论语》，我们会发现孔子和颜回师生之间那份生死相依的情义：

子畏于匡，颜渊后。子曰："吾以女为死矣。"曰："子在，回何敢死？"①

孔子在匡地被围困之后，颜渊最后才赶来。孔子十分后怕地说："我以为你已经死了啊！"颜回说："先生还健在，我怎么敢随便与人拼死呢？"

然而，希望一直陪伴老师左右，甚至要为老师养老送终的颜回，还是先老师而去了。去年，刚刚送走了一个儿子孔鲤，万万没有想到，仅隔一年，又要送走另一个不是儿子胜似儿子的人！

① 《论语·先进》。

还不仅如此,孔子早就把颜回看成了他的精神传人。

晚年的孔子,弟子们几乎都出仕做官,冉求做了季氏的大管家,子路一开始也在那里,后来去了卫国做官;子贡是鲁国的外交官,穿梭来往于各国之间。但是,颜回一直没有做官。估计是孔子要他专事学问,在自己百年之后,由颜回传他的衣钵,光大门楣。

但是,颜回竟然先他而去!这就像一场文化的接力:孔子举着文化之火炬,拼命地跑,前面有颜回等着接他的这一棒,等他跑到颜回身边,这个棒还没有传出去,颜回先倒下了!

孔子痛哭。身边的人说:"老师,您太哀痛了!"

孔子说:"是太哀痛了吗?我不为这个人哀痛还为谁哀痛呢?"①

这个人,"其心三月不违仁";②

这个人,"不迁怒,不贰过";③

这个人,"语之而不惰";④

这个人,"见其进","不见其止";⑤

这个人,对老师之言,"无所不说(悦)";⑥

① 《论语·先进》。
② 《论语·雍也》。
③ 《论语·雍也》。
④ 《论语·子罕》。
⑤ 《论语·子罕》。
⑥ 《论语·先进》。

这个人，"用之则行，舍之则藏"；①

这个人，"闻一知十"；②

这个人，身处贫穷却安贫乐道。③

…………

可是，就是这样一个人，却早早地离去了，孔子不为他悲痛还为谁悲痛？

——谁的眼泪在飞？孔子已经不能自持。

孔子独坐，深深叹息：

好苗子却不开花，有的呀！开了花却不结果，有的呀！④

好像是在说服自己，又好像是在和命运申诉；是伤颜回，是伤世道，是在哀伤人间的才俊往往有不幸的结局。

他一再喃喃自语：噫！天丧予！天丧予！⑤

这是无法抗拒无法逆转的天命啊。

弟子们知道颜回在老师心目中的地位，出于对老师的安慰，也出于对同学中学问境界最高者的敬爱，想厚葬颜回。颜回的父亲甚至提出让孔子拆掉自己的车子为颜回做椁。但出人意料的是，孔子说："不可以。"

---

① 《论语·述而》。
② 《论语·公冶长》。
③ 《论语·雍也》。
④ 《论语·子罕》：子曰："苗而不秀者有矣夫！秀而不实者有矣夫！"
⑤ 《论语·先进》。

孔子反对厚葬颜回，有两方面的考虑：

第一，是出于丧葬礼节的考虑。颜回家贫，孔子一贯反对因丧葬而导致活人的生活出现困难，何况颜回死时，他的父亲还在。颜回如果死而有知，也绝不会同意厚葬。

第二，前一年孔鲤死时，孔子也是按照一般士人的规格，有棺而无椁。孔子内心里早已把颜回视同自己的儿子，甚至在感情上还要超过自己的儿子。所以，他想按照孔鲤的标准来安葬颜回。

但是，孔子毕竟老了，这样的事必定要弟子们来操办。弟子们仍然厚葬了颜回。在颜回的墓前，孔子说："回呀，你待我如同父亲，我却不能待你如同儿子啊，我是想照当初安葬孔鲤的样子来安葬你啊。现在搞成这样，不是我的主意呀，是你那帮同学干的呀。"[1]

颜回的死，是孔门的一件大事，是孔门由盛转衰的标志，它像一块乌云，遮住了天空中的太阳，阴霾笼罩下来。

获麟绝笔

就在这一年，鲁国还发生了一件奇怪的事。

---

[1]《论语·先进》：颜渊死，门人欲厚葬之，子曰："不可。"门人厚葬之。子曰："回也视予犹父也，予不得视犹子也。非我也，夫二三子也。"

这年春天，叔孙氏狩猎，捕获一只怪兽，弄断了它的前左腿。叔孙氏看着这个怪模怪样的野兽，以为不吉祥，就把它抛弃在城外，然后派人来问孔子。孔子听了描述，心头一惊，预感到不祥，赶紧到城外去看。一看到这头奄奄一息的怪兽，孔子的眼泪就下来了，说："这是麒麟啊。为什么它要跑出来呢，为什么它要跑出来呢？"孔子语不择言，泣不成声，用袖子擦眼泪，袖子全湿了。

子贡很吃惊，慌忙扶住老师，问："老师，您为什么哭呢？"

孔子说："麒麟出来，象征着圣明的君主要出来啊。可是，你看，它是被捕获的，而且受伤害了啊！圣君被害了啊！"①

孔子从这个被伤害的麒麟身上，看到了自己的命运，还看到了不祥的时运。据说，从此以后，孔子辍笔，不再著述《春秋》，后人称之为"绝笔于获麟"。

而这边，子路又得罪了季康子，在鲁国不愿待了，准备去卫国。临行之前，来向老师辞行。眼见着比自己小二十一岁的

---

① 《孔子家语·辨物》。

颜回师弟早死，以及老师的无比悲痛，子路也疑神疑鬼起来：

> 季路问事鬼神。子曰："未能事人，焉能事鬼？"
> 曰："敢问死？"曰："未知生，焉知死？"①

子路首先问孔子怎样侍奉鬼神。孔子说："你还不能把人侍奉好，怎能侍奉鬼？"

颜回死了，子路也老了。这个强亢一生的人，大约也有了迟暮之感。他原先是天不怕地不怕的，但他现在也想鬼神的事了。孔子大约看出了子路内心精神的衰退，便想拉他一把，推他一掌，把他从衰老和死亡的阴影中推出来。所以孔子说，你要想着好好侍奉当下应该侍奉的人，怎么能想着侍奉鬼呢？

但子路内心中死亡的阴影太沉重了，他动情地问老师："老师，您给我谈谈死亡吧？"孔子说："怎么活着你还没弄明白呢，谈什么死？！"这种拒绝，这种斥责式的语气，实际上是对子路的安慰，希望他振作起来。

子路站起来，默默走开了。孔子望着子路远去的背影，心中一片苍凉。

颜回去世了。子路去了卫国。子贡也整日忙于外交事务。孔子的身旁，早些年朝夕相处的弟子纷纷离开了。孔子感慨

---

① 《论语·先进》。

万千地对人说：当年跟随我在陈国、蔡国受磨难的弟子，现在都不在我身边了。①

那份怀念，那份寂寞，怎能不令人喟然伤怀？

子路回不来了

子路走了，去卫国了。这一去，一去不返。

到卫国后，子路在卫国大夫孔悝的家里做家臣。卫国发生现任国君卫出公蒯辄和自己的父亲蒯聩争夺君位的内乱。不幸的是孔悝卷入其中，更不幸的是子路又是孔悝的家臣。

当时孔子的另一个学生高柴也在卫国做官。其实，大乱发生之时，高柴在城内，子路在城外。高柴一看形势不好，赶紧出城躲避；子路一听城里有乱，立即进城赴义。

二人在城外相遇，高柴告诉子路，孔悝已经被蒯聩劫持，再进去已是于事无补，只会白白送命。子路说："吃人家的饭，就不避其难！"于是高柴走了，子路来了。

子路进城后，发现蒯聩及其党羽把孔悝劫持在孔悝家的高台上。子路在台下要蒯聩放了孔悝，蒯聩不听，子路要放火烧

---

① 《论语·先进》：子曰："从我于陈蔡者，皆不及门也。"

台。蒯聩派两个武士下来与子路交战。子路虽然英勇善战,但毕竟已经六十三岁高龄,以一对二,渐渐地就处于下风。这时,他的冠缨被砍断,帽子掉到地上,他说:"君子即使死去,冠帽也要戴在头上!"于是,放下宝剑来结缨带,对方乘机刺死了他。大概是子路勇猛的名声太大,这两个人生怕子路再起来,又挥剑乱砍。一代英豪,就这样惨烈而死。①

这个结果孔子在鲁国其实已经料到。他一听说卫国发生动乱,就叹息着说:

"柴也其来,由也死矣!"高柴没事,一定会回来的。仲由啊!这次就死定了!

果然,报丧的来了,报告子路死亡的确信。苍髯凌乱的孔子坐在庭前台阶中间痛哭,是上天在咒我啊!是上天在咒我啊!②

子路是跟随孔子时间最长的学生之一,四十多年,忠心耿耿。孔子周游列国,子路一直跟随身边,既是学生,又是保镖。他只比孔子小九岁,实际上,二人的关系,亦师亦友。颜

---

① 《左传·哀公十五年》:"石乞、盂黡敌子路,以戈击之,断缨。子路曰:'君子死,冠不免。'结缨而死。"
② 《孔子家语·曲礼·子夏问》:子路与子羔仕于卫,卫有蒯聩之难。孔子在鲁,闻之曰:"柴也其来,由也死矣。"既而卫使至,曰:"子路死焉。"夫子哭之于中庭,有人吊者,而夫子拜之,已哭,进使者而问故,使者曰:"醢之矣。"遂令左右皆覆醢,曰:"吾何忍食此。"《公羊传·哀公十四年》:子路死,孔子曰:"噫!天祝予!"。

回死后，子路更是孔子心中最重的人。

在周游列国的时候，一次孔子病重，陷入昏迷。仓促之中，子路带着师弟们为老师准备后事。孔子之前，士人葬礼，没有具体规矩。孔子当过大夫，子路便想以大夫之礼来安葬孔子。而大夫家是有家臣的，葬礼上很多事务和礼节都是由家臣担当。孔子此时没有家臣，子路便叫小师弟们假充家臣。

孔子挺了过来，病势好转一些后，发现了这一情况，狠狠地批评子路说："很久了啊，仲由干这种欺骗人的事！没有家臣，却要装作有家臣，我欺骗谁呢？欺骗上天吗？况且，我与其在家臣的料理下死去，不如在弟子你们的料理下死去啊。"[1]

这话说明，很久以前，孔子就把学生当成给自己养老送终之人了。

而今，孔子已经七十二岁，老妻已死，儿子已逝，一个孙子，还在襁褓之中，他早就做好了让弟子们为他送终、料理丧事的打算。那么，谁是他最为放心的呢？当然是子路啊。没想到，子路又走在他前头了。

有人来吊唁，孔子强撑病体答礼。然后，再把报丧的人叫进来，问他子路死时的情况。这个人也不会说话，直接跟孔子

---

[1] 《论语·子罕》：子疾病，子路使门人为臣。病间，曰："久矣哉，由之行诈也。无臣而为有臣。吾谁欺？欺天乎？且予与其死于臣之手也，无宁死于二三子之手乎？且予纵不得大葬，予死于道路乎？"

讲:"惨啊,被剁为肉酱了。"孔子的桌子上正放着吃剩的肉酱,听了赶紧挥挥手,让人把肉酱倒掉。

孔子老了,以前他要吃方方正正的肉,现在,肠胃功能不好了,只能吃肉酱。子路被剁为肉酱,孔子从此不再吃肉。

"甚矣!吾衰也!久矣!吾不复梦见周公。"①

孔子感觉到了生命力的衰退。天下无道,哲人其萎。圣人,也是血肉之躯,也将随大化而去。

泰山崩

子路的死,最后击垮了孔子。

几个月后,勉强撑过年关,第二年的二月,孔子病倒了。

子贡出使归来,得知老师病了,赶紧来看望老师。见到子贡来,孔子责备道:"赐啊,你怎么这么晚才来啊!"这不是责备,这是依赖。孔子此时最需要的,就是子贡这样的学生,在他的身边,给他安慰。然后,他告诉子贡,他做了一个梦,梦见自己坐在厅堂的两根柱子中间接受别人的祭拜。"这是殷人的停丧之礼啊,我就是殷人啊。"这实际上也是孔子在跟子贡

① 《论语·述而》。

交代后事。

孔子一辈子喜欢唱歌，他是一个情怀深厚心连广宇的诗人。孔子临终之前，给我们唱了最后一首歌，那也是一首天地鬼神为之惊泣的大诗：

泰山坏乎！

梁柱摧乎！

哲人萎乎！[①]

泰山崩了，天柱折了，哲人去了。

哲人去了，泰山崩了，天柱折了！

鲁哀公十六年，公元前479年，孔子卒，年七十三岁。

孔子一生最看好颜回，最信赖子路，子贡跟他们相比，要稍微往后一点吧。但是，上天收走了颜回，收走了子路，给他留下了子贡。

上天有上天的道理。留下子贡给孔子，是上天的安排。因为子贡的办事能力，是三人中最强的。子贡在鲁国的人缘和影响力，也是三人中最好的。子贡还有强大的经济实力办好丧事。

[①] 《史记·孔子世家》。

子贡主持丧事,而礼学专家公西华则负责相礼。因为孔子的孙子太小,他的丧事只能由学生们来主持,这正好与他多年前的预想一致。但是,问题是:学生为老师办丧事,是什么样的礼仪呢?

大家一起商量,因为于史无据,一时商量不出头绪。最后,子贡含着眼泪说:

"以前颜渊死了,老师就像死了儿子一样处丧;子路师兄死了,老师也用死了儿子的规矩处丧。现在老师死了,我们就按照儿子为父亲办丧礼的规矩办吧!"①

大家一致同意。

孔子临死交代,要按照商礼来安葬他。可是,孔子这样精通三代之礼,思想集三代大成的人物,如果仅仅把他看做商的遗民,仅仅用商代之礼来安葬他,与孔子的伟大太不相符了。于是,作为礼仪方面的主持,公西华兼用夏商周三代之礼来安葬孔子。②

在子贡的主持下,孔子的丧事确实办得非常好,各国诸侯都派人来观礼。③

---

① 《礼记·檀弓上》:孔子之丧,门人疑所服,子贡曰:"昔者夫子之丧颜渊,若丧子而无服,丧子路亦然。请丧夫子,若丧父而无服。"
② 《礼记·檀弓上》:孔子之丧,公西赤为志焉:饰棺,墙,置翣设披,周也;设崇,殷也;绸练设旐,夏也。
③ 《礼记·檀弓上》:"孔子之丧,有自燕来观者,舍于子夏氏。"燕北方遥远,尚有人来观礼,中原各国,可想而知。

324

安葬完，弟子们执父丧之礼，为孔子守丧三年。因为并非真正的父子而是情同父子，所以称之为"心丧"。三年之间，弟子们回忆谈论的，都是老师生前的言行。最后，大家意识到应该把老师的这些言行记录编辑搜集起来，流传后世，这就是《论语》的雏形。

三年以后，服丧期满，大家就要离开老师墓，各自散去。无限伤感中，大家相对而哭，失声不禁。

最后，子贡一人徘徊墓前，实在不忍离去，就在老师墓前搭了一间草房，又住了三年。守墓六年后，才一步一哭，回到自己的祖国卫国去。

这时，子贡已经不需要再担心老师寂寞了。孔子的一些弟子，以及当地的住民，因为尊崇孔子，开始在孔墓周围居住，渐渐地，形成了一个新的村落。织机声，婴儿的啼哭声，子弟的读书声，还有鸡犬之声，交响在这个叫做孔里的新村落。①

《论语·八佾》有言：

仪封人请见，曰："君子之至于斯也，吾未尝

---

① 《史记·孔子世家》："子葬鲁城北泗上，弟子皆服三年。三年心丧毕，相诀而去，则哭，各复尽哀；或复留。唯子赣庐于冢上，凡六年，然后去。弟子及鲁人往从冢而家者百有余室，因命曰孔里。"《孟子·滕文公上》："昔者孔子没，三年之外，门人治任将归，入揖于子贡，相向而哭，皆失声，然后归。子贡反，筑室于场，独居三年，然后归。"

不得见也。"从者见之。出曰："二三子何患于丧乎？天下之无道也久矣，天将以夫子为木铎。"①

仪封人的话就像一个预言：孔子在世时，已经凭借他个人巨大的德行和人格魅力，在他周围凝聚了一大批优秀人物。他们共同进行人生的思索和政治的探讨。而在他去世后的两千多年里，他成为了一面旗帜，凝聚着一个民族，并将理性的光辉照向四面八方。

"天将以夫子为木铎"——两千多年了，这木铎一直在召唤着我们，凝聚着我们，不论在天涯海角，不论在何种陌生的国度，只要我们响应着夫子的木铎，我们就能在这木铎声中找到自己的同胞。

孔子死了。

孔子万岁。

---

① 木铎，是一种铜质木舌的大铃铛，古代用来召集群众，宣布政教法令，或在有战事时用来集聚百姓。这里仪封人用"木铎"来比喻孔子在当时的影响力和感召力。

附录

附录一　孔子时代各国形势图

附录二　孔子生平年表

附录三　孔子七十七弟子一览表

附录一

孔子时代各国形势图

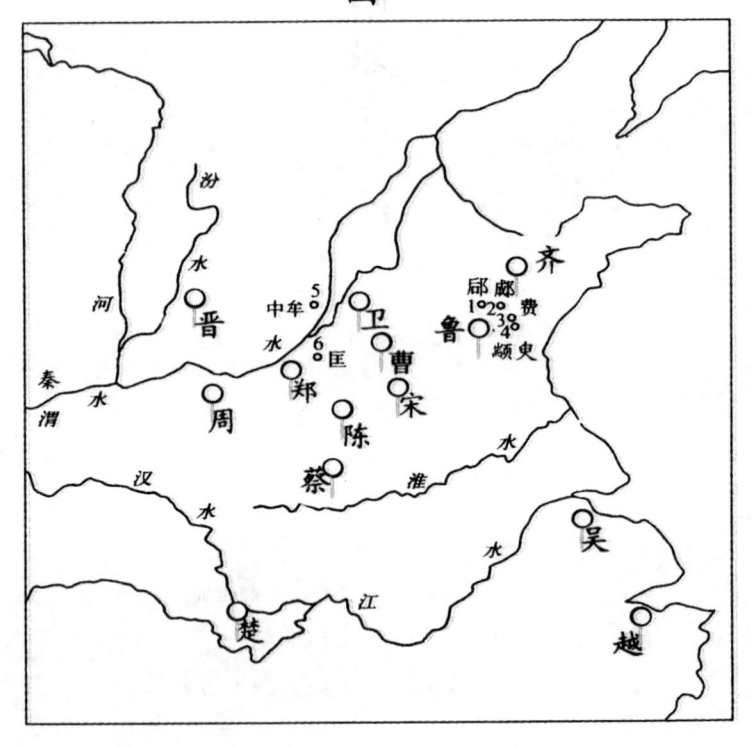

附录二

孔子生平年表

公元前551年（鲁襄公二十二年）

阳历九月二十八日，孔子生于鲁国昌平乡陬邑（今山东曲阜市南辛镇鲁源村）。

公元前549年（鲁襄公二十四年）

三岁。父亲叔梁纥去世。

公元前537年（鲁昭公五年）

十五岁。后自谓"吾十有五志于学"。

公元前535年（鲁昭公七年）

十七岁。母亲颜徵在去世。孔子合葬父母。穿丧服赴鲁国大夫季孙氏宴，被其家臣阳货拒之门外。

公元前533年（鲁昭公九年）

十九岁。服丧期满后前往宋国。在宋娶亓官氏为妻。

公元前532年（鲁昭公十年）

二十岁。回鲁，生子孔鲤，因鲁昭公贺以鲤鱼，故名，字伯鱼。出任季孙氏家委吏之职，管理仓库。

公元前531年（鲁昭公十一年）

二十一岁，任季孙氏家乘田之职，管理畜牧。

公元前525年（鲁昭公十七年）

二十七岁。郯国国君郯子访鲁。孔子前往求教，学古官名。

公元前522年（鲁昭公二十年）

三十岁。后自谓"三十而立"。齐国国君齐景公、名臣晏婴访鲁，参与接见；辞季孙氏家职务，授徒设教，创办私学。

公元前518年（鲁昭公二十四年）

三十四岁。获鲁昭公支持，往周朝国都洛邑，问学于老子。

公元前517年（鲁昭公二十五年）

三十五岁，回国。鲁国发生"八佾舞于庭"事件，昭公在与鲁三家权力之争中失败，流亡齐国。孔子亦赴齐。过泰山，感慨"苛政猛于虎"。齐景公问政于孔子。

公元前515年（鲁昭公二十七年）

三十七岁。返鲁。自此直至五十一岁出仕前，致力于私学，有教无类。史称孔子弟子三千，贤者七十二（或七十七）。

公元前512年（鲁昭公三十年）

四十岁。后自谓"四十不惑"。

公元前505年（鲁定公五年）

四十七岁。阳货通过控制季孙氏进而掌控鲁国大权。孔子路遇阳货，婉拒其出仕要求。

公元前502年（鲁定公八年）

五十岁。后自谓"五十而知天命"。鲁三家攻阳货，阳货失势，奔齐奔晋。

公元前501年（鲁定公九年）

五十一岁。出仕，任鲁国中都宰，政绩显著。

公元前500年（鲁定公十年）

五十二岁。由鲁国中都宰升任小司空。再升任大司寇。行摄相事。相鲁定公赴齐鲁夹谷之会。

公元前498年（鲁定公十二年）

五十四岁。"堕三都"以强公室。堕郈，堕费，继又堕成弗克，中途而废。

公元前497年（鲁定公十三年）

五十五岁。齐国赠鲁国美女良马。孔子辞官，去鲁适卫，开始长达十四年的周游列国。先后辗转于卫、曹、宋、郑、陈、蔡、楚等七国。

公元前496年（鲁定公十四年）

五十六岁。仕卫，卫灵公"致粟六万"。见卫灵公夫人南子。

公元前492年（鲁哀公三年）

六十岁。在陈，后自谓"六十而耳顺"。过宋，遇司马桓魋欲杀之险，微服去。季孙氏召孔子弟子冉求返鲁。

公元前489年（鲁哀公六年）

六十三岁。适楚，途经陈、蔡间，与弟子被围困于荒野，绝粮七日。

公元前484年（鲁哀公十一年）

六十八岁。鲁季康子召孔子，结束周游列国，返鲁。之前，孔子妻亓官氏已卒。此后，进入其晚年教育生涯，并致力古代文献的整理和研究。

公元前482年（鲁哀公十三年）

七十岁。自谓"七十而从心所欲，不逾矩"。是年，孔子之子孔鲤卒。

公元前481年（鲁哀公十四年）

七十一岁。弟子颜回病卒。是年，鲁君西狩获麟，孔子《春秋》绝笔。

公元前480年（鲁哀公十五年）

七十二岁。弟子子路战死于卫。

公元前479年（鲁哀公十六年）

七十三岁，卒。弟子为孔子服丧三年，子贡为其守墓六年。

附录三

孔子七十七弟子一览表

序号	姓名	字	国籍	小孔子几岁	入学时期
1	颜回	子渊	鲁	三十岁	第二期
2	闵损	子骞	鲁	十五岁	第一期
3	冉耕	伯牛	鲁	七岁	第一期
4	冉雍	仲弓	鲁	二十九岁	第二期
5	宰予	子我	鲁	二十九岁	第二期
6	端木赐	子贡	卫	三十一岁	第二期
7	冉求	子有	鲁	二十九岁	第二期
8	仲由	子路(又字季路)	鲁	九岁	第一期
9	言偃	子游	吴(或鲁)	四十五岁	第四期

10	卜商	子夏	卫	四十四岁	第四期
11	颛孙师	子张	陈(或鲁)	四十八岁	第四期
12	曾参	子舆	鲁	四十六岁	第四期
13	澹台灭明	子羽	鲁	三十九岁(或四十九岁)	第四期
14	宓不齐	子贱	鲁	三十岁(或四十岁)	第二期(或第四期)
15	原宪	子思	鲁(或宋)	三十六岁	第三期
16	公冶长	子长	齐(或鲁)	未详	第二期
17	南宫括	子容	鲁	未详	未详
18	公皙哀	季次	齐	未详	未详
19	曾點	皙	鲁	未详	未详
20	颜无繇	路	鲁	六岁	第一期
21	商瞿	子木	鲁	二十九岁	第二期
22	高柴	子羔 (又字季羔)	卫(或齐)	三十岁 (或四十岁)	第二期 (或第三期)
23	漆雕开(启)	子开	鲁(或蔡)	十一岁	第一期
24	公伯寮	子周	鲁	未详	未详
25	司马耕	子牛	宋	未详	第三期
26	樊须	子迟	齐(或鲁)	三十六岁	第三期
27	有若	子有	鲁	四十三岁(或三十六岁)	第四期(或第三期)
28	公西赤	子华	鲁	四十二岁	第四期
29	巫马施(期)	子旗	鲁(或陈)	三十岁	第二期
30	梁鳣	叔鱼	鲁	二十九岁(或三十九岁)	第二期(或第三期)
31	颜幸	子柳	鲁	四十六岁	第四期
32	冉孺	子鲁	鲁	五十岁	第四期
33	曹恤	子循	未详	五十岁	第四期
34	伯虔	子析	未详	五十岁	第四期
35	公孙龙	子石	楚(或卫)	五十三岁	第四期

36	冉季	子产	鲁	未详	未详
37	公祖句兹	子之	未详	未详	未详
38	秦祖	子南	秦	未详	未详
39	漆雕哆	子敛	鲁	未详	未详
40	颜高(刻)	子骄	鲁	五十岁	第四期
41	漆雕徒父	未详	鲁	未详	未详
42	壤驷赤	子徒	秦	未详	未详
43	商泽	子季	未详	未详	未详
44	石作蜀	子明	未详	未详	未详
45	任不齐	子选	楚	未详	未详
46	公良孺	子正	陈	未详	第三期
47	后处	子里	齐	未详	未详
48	秦冉	开	未详	未详	未详
49	公夏首	子乘	鲁	未详	未详
50	奚容蒧	子皙	卫	未详	未详
51	公肩定	子中	鲁(或晋)	未详	未详
52	颜祖(相)	子襄	鲁	未详	未详
53	鄡单	子家	未详	未详	未详
54	句井疆	子疆	卫	未详	未详
55	罕父黑	子索	未详	未详	未详
56	秦商	子丕	鲁	四岁	第一期
57	申党	周	鲁	未详	未详
58	颜之仆	子叔	鲁	未详	未详
59	荣旂	子祈	未详	未详	未详
60	县成	子祺	鲁	未详	未详
61	左人郢	子行	鲁	未详	未详
62	燕伋	子思	未详	未详	未详

63	郑国	子徒	未详	未详	未详
64	秦非	子之	鲁	未详	未详
65	施之常	子恒	未详	未详	未详
66	颜哙	子声	鲁	未详	未详
67	步叔乘	子车	齐	未详	未详
68	原亢	籍	未详	未详	未详
69	乐欬(咳)	子声	鲁	未详	未详
70	廉絜(洁)	庸	卫	未详	未详
71	叔仲会	子期	晋(或鲁)	五十岁(或五十四岁)	第四期
72	颜何	冉	鲁	未详	未详
73	狄黑	晳	未详	未详	未详
74	邦巽	子敛	鲁	未详	未详
75	孔忠	子蔑	鲁	未详	未详
76	公西舆如	子上	未详	未详	未详
77	公西蒧	子上	鲁	未详	未详

注：
孔子学生分四期：
第一期：孔子三十七岁以前。
第二期：孔子三十七——五十五岁。
第三期：孔子五十五——六十八岁。
第四期：孔子六十八岁以后。

后 记

这是一本给普通读者看的《孔子传》。

什么是普通读者？就是非专业人士。

孔子是全体中国人共同的文化祖先，并非仅仅是文化学术工作者才对他有兴趣并有敬意，无数的普通人敬重他，想了解他，了解他的生平、身世、思想、人格。这种对民族先贤的敬重、兴趣和求知欲，是一个民族文化代代相传的内在原动力，也是一个民族保持自己的文化品格和道德风貌的根本保障。因此，它比学者们的专业研究更值得呵护和推崇。

我之想为这样的值得尊敬的读者群写一本《孔子传》，就是出于这样的认知和认同。

孔子深居中国文化的核心，是中国人思想与信仰的根据。

从某种意义上说,孔子是我们民族传统价值观的来源。中国人心目中理想的社会、理想的政治、理想的人格,其价值标准,都来源于孔子。

就国家、民族而言,不了解孔子,就不能了解中国的过去、现在,也无从设计和展望中国的未来;就中国人的精神生活而言,没有孔子,就不能确立个人的道德人格目标。

从这些考虑出发,本书首先力求"知识正确",为此确定的行文风格是客观平实,并且为了突出重点,叙述力求简明扼要,对孔子的生平叙述,抓大放小,不枝不蔓,不在无关紧要的细节上纠缠,不以无用无聊的琐碎知识空耗读者的时间和精力。突出重点的好处是,一般读者读完本书,对孔子一生的主要行迹、事迹、心迹了然于心,满足读者朋友掌握相关知识的需求。

其次,本书力求"价值观正确"。对孔子思想的误解乃至故意曲解自古而然,而尤以近百年来为甚。我曾为此写系列文章"被误解的孔子"予以澄清。在今天,对孔子出于恶意的曲解和出于无知的误解,可以说是"滔滔者天下皆是也",误解会导致误导,误导会导致误会,对思想的误会会导致行为的失误。本书的写作试图澄清一些价值上的问题。思想家的传记不能不涉及思想,而思想的价值不仅在于思考真相，更在于判断是非。作为教育家的孔子，其教育目标就是培养人的是非判断力，一部《论语》，就是五百多则有关是非的价值判断，它不仅告诉我们是非，还教会我们何以自主判断是非。本书在这方面着墨较多，用心良苦，希望对读者，尤其是广大青少年读者有所帮助。

在写作本书之前，我已有三本有关孔子的著作：上海高教电子音像出版社的《说孔子》、中国民主法制出版社的《孔子是怎样炼成的》、复旦大学出版社的《论语导读》。有此基础，按说写作一部新的《孔子传》比较容易，其实，内中艰辛不足为外人道。我的学生周缥，按照我这本书的写作宗旨和主题表达，首先为我在前述三书中做了内容萃取和简单的缀合，在此基础上，我的朋友M又对本书稿做了三遍以上的文字处理、章节分析、小标题设定、注释校对，同时提出诸多内容取舍和繁略的建议，我又做了两遍修订、增补，始成本书。我的朋友王大千专门题签并作序。孔子基金会将山东人民美术出版社捐赠的十分珍贵的孔子圣迹图卷独家授权本书使用。对此，仅仅简单的"感谢"二字实在不能表达我对他们的感激。

鲍鹏山 于偏安斋
2012年8月22日

作者简介

鲍鹏山

教授、学者、专栏作家，《百家讲坛》著名主讲人。安徽六安人。六十年代生人，八十年代赴青海支教十七年。中国孔子基金会学术委员会委员，2015～2016年国家祭孔大典中央电视台特邀主持嘉宾，公益浦江学堂创办人。现执教于上海开放大学。主要从事中国古代文学、古代文化的教学与研究，对中国思想史尤其先秦诸子研究，怀独见之明。出版《风流去》《孔子如来》《教育六问》《白居易与〈庄子〉》《〈论语〉导读》《先秦诸子八大家》《中国人的心灵：三千年理智与情感》《鲍鹏山新说水浒》《孔子是怎样炼成的》、诗集《致命倾诉》等著作三十余部。作品被选入全国统编高中语文教材及各省市自编的各类大学、中学语文教材。

（京）新登字083号

图书在版编目（CIP）数据

孔子传 / 鲍鹏山著. —— 北京：中国青年出版社，2012.10
ISBN 978-7-5153-1105-0

Ⅰ.①孔 Ⅱ.①鲍 Ⅲ.①孔丘(前551～前479)
-传记 Ⅳ.①B822.2

中国版本图书馆CIP数据核字(2012)第235609号

责任编辑　吴晓梅
封面题签　王大千
书籍设计　孙初 + 林业

中国青年出版社 出版 发行
社　　址　北京东四12条21号
邮政编码　100708
网　　址　www.cyp.com.cn
编辑部电话　010—57350521
门市部电话　010—57350370
印刷装订　北京富诚彩色印刷有限公司
经　　销　新华书店

开　本　880mm×1230mm　1/32　精装
字　数　190千字
印　张　12.25
插　页　21
印　次　2013年1月北京第一版
版　次　2018年5月北京第八次印刷
印　数　59001－69000册
定　价　56.00元

本书如有印装质量问题，请凭购书发票与质检部联系调换
联系电话 010—57350377